热带珊瑚岛礁植被恢复工具种图谱

Atlas on Tool Species for Vegetation Restoration on Tropical Coral Islands

简曙光　任　海　主　编

中国林业出版社

图书在版编目（CIP）数据

热带珊瑚岛礁植被恢复工具种图谱 / 简曙光 , 任海主编 . -- 北京 : 中国林业出版社 , 2017.8
ISBN 978-7-5038-9227-1

Ⅰ . ①热… Ⅱ . ①简… ②任… Ⅲ . ①西沙群岛—植被—生态恢复—图谱 Ⅳ . ① Q948.15-64

中国版本图书馆 CIP 数据核字 (2017) 第 188140 号

热带珊瑚岛礁植被恢复工具种图谱

简曙光　任海　主编

出版发行：中国林业出版社

地　　址：北京西城区德胜门内大街刘海胡同 7 号

策划编辑：王　斌

责任编辑：刘开运　张　健　吴文静　　　　　　　　　装帧设计：百彤文化传播公司

印　　刷：北京雅昌艺术印刷有限公司

开　　本：850mm×1168mm　1/16

印　　张：8.25

字　　数：210 千字

版　　次：2017 年 10 月第 1 版　第 1 次印刷

定　　价：148.00 元（USD 69.99）

编委会

主　编：简曙光　任　海

副主编：刘东明　王　俊　沈　彤

编　委（按姓氏汉语拼音排序）：

蔡锡安　杜万豪　郭华雨　国　瑞　简曙光　李明庚

刘东明　任　海　沈　彤　唐军务　王发国　王建平

王　俊　吴宁海　吴少山　谢思桃　徐　辉　周华东

周明健

内容简介

由于人类干扰和环境变化，我国西沙群岛的部分自然植被出现了退化现象，亟需恢复。南沙岛礁要建设成为可持续发展的绿色宜居生态岛，急需要进行植被重建。这些热带珊瑚岛礁植被恢复或重建均需要选用大量适宜的工具种植物。热带珊瑚岛礁由于生态环境特殊且恶劣，大陆及近大陆海岛的普通植物种类无法适应、生长及定居。本书通过前期系统的调查、研究及试验，选编了100种具有耐盐碱、干旱、贫瘠、高温和强光等生态生物学特性，适合用于热带珊瑚岛礁植被恢复的植物（包括乔木、灌木、草本和藤本各类型）。本书详细介绍了每种植物的形态特征、生态与生境、繁殖及栽培管理、应用范围等内容，并配有相关图片。书中绝大多数种类在珊瑚岛自然生长或已在岛礁植被构建实践中得到检验。本书可为从事我国热带珊瑚岛礁，或其它具有类似环境的海岛与海岸带植被恢复或重建工作者提供参考，有很强的实用价值。

前言

南海诸岛及其毗邻海域自古以来就是中国领土，其战略地位十分重要，经济价值巨大。南海诸岛（礁）是保卫国防安全的重要屏障，对经略南海、"一路一带"等国家战略利益的延伸有重要的现实意义。

南海诸岛基本上都是珊瑚岛，一些面积较大、形成时间较长的自然海岛（如永兴岛、东岛、甘泉岛、赵述岛、太平岛等）已发育了较好的自然植被。由于人类干扰和环境变化，这些海岛的部分自然植被出现了退化现象，亟需恢复。南沙岛礁生态环境特殊，具有高盐、强碱、高温、强光、季节性干旱和常年吹咸风等极端生境特点，部分珊瑚岛礁缺少真正的土壤及肥力，普通的植物种类极难存活、生长及定居，无法形成相应的植被景观及宜居环境。

植被是海岛的基本组成要素之一，也是陆地生态系统的主体，具有供给（食物和水）、调节（调节气候、涵养水源、保持水土、防风固沙、减轻灾害）、支持（维持环境）和文化（精神娱乐）等生态系统服务功能，是人类与其他生物赖以生存的基础，也是海岛宜居和可持续发展的基础。因此，植被是热带珊瑚岛（礁）生态系统的主体，是建成可持续、有活力、安全的生态岛的基础，也是未来海岛生态、经济和社会建设的重要内容。

热带珊瑚岛礁的植被构建需要解决适生植物种类选育和植物定居限制因子解除两个主要的科技问题。在适生植物种类选育方面，中国科学院华南植物所（园）经过70多年的调查研究，发现我国南海诸岛（礁）主要有抗风桐林、草海桐群落、厚藤和海刀豆群落等10多种植被类型，这些植被中共有维管束植物约400种（包括种下分类单位），其中常见乡土植物约60种。这些植物大多数是砂生、深根系、耐盐碱、耐干旱、耐贫瘠、抗风且生长快的先锋种类，大多具有无性和有性繁殖方式，主要通过人类活动引进和海鸟、海流及风传播。在解除植物定居限制方面，主要是通过生境简单改良并利用植物种间正相互关系集成技术，建设近自然、节约型、功能性植物群落的方法，以提高植物存活率和生长速度。

植被恢复工具种是指用于特定环境植被恢复的主要植物种类（如骨干种、关键种、建群种等），通常能适应当地的生态环境，易存活及生长。我们在系统调查、研究中国热带珊瑚岛生态环境和植被（特别是西沙群岛和南沙群岛中有较好植被覆盖的岛屿），以及全球范围内与南海诸岛气候和环境相似的四个热带区域（①南海周边；②南太平洋群岛及夏威夷；③印度洋岛屿；④加勒比海地区及加拉帕戈斯群岛）的共有植物（相当于这个区域的广布种）的基础上，筛选了100种植物作为热带珊瑚岛礁植被恢复或重建的工具种。这些植物包括乔木、灌木、草本和藤本各类型，有固氮活磷的豆科植物，也有适于海滨盐碱环境的半红树植物，还有一些药食同源植物，具有不同生态和绿化功能的特色园林植物。本书从形态特征、地理分布、生态与生境、繁殖及栽培管理、应用范围等方面介绍这些植物。

据研究，热带珊瑚岛上从岩石风化到形成1cm厚的自然土壤约需要1万年，在天然珊瑚礁砂（"土壤"）上形成自然植被约需要400年。因此，在保护好热带珊瑚岛自然植被的基础上，要对退化的植被进行科学的恢复。珊瑚岛礁的植被新建是一个长期过程，要分阶段进行。在植被建设过程中，仅有适生的植物种类还不够，还需要对这些种类进行规模化快速繁殖，对种植地进行生境改良，在种植时进行合理的种类搭配以形成功能性的植物群落，对植物进行简约化维护；在空间上对植物群落进行合理布局，促进人工绿地向近自然植被生态系统快速演进，最终形成具有生态活力的植被生态系统，以形成生态岛的"绿色基底"。

在中国科学院A类战略性先导科技专项（编号：XDA13020500）、科技部"十三五"国家重点研发计划项目（编号：2016YFC1403000）和"十二五"农村领域国家科技计划项目（2015BAL04B04）的资助下，我们完成了本书的编写。本书的总体框架由简曙光和任海提出。分工如下：简曙光负责植物种类筛选，前言部分及部分植物种类的形态特征、生态与生境、繁殖及栽培管理、应用范围等内容的编写，任海负责前言部分编写及总体内容把关及校订，刘东明和王俊负责部分植物种类的形态特征、生态与生境、繁殖及栽培管理、应用范围等内容编写，沈彤负责组织协调植物的种植试验及内容把关。

书中如有疏漏及错误之处，敬请读者不吝指正。

简曙光　任海

西沙群岛草海桐群落

目录

西沙群岛银毛树群落

西沙群岛银毛树、草海桐群落

种类介绍

　　本书共收集、介绍热带珊瑚岛礁植被恢复的工具种植物 100 种（含品种），按生活型分为乔木、灌木、草本和藤本四大类；各大类内，科名按哈钦松系统排列，种名按英文字母排列。

（一）乔木

莲叶桐

Hernandia nymphaeifolia (C. Presl) Kubitzki
[*Hernandia sonora* L.]

莲叶桐科 Hernandiaceae

莲叶桐属 *Hernandia*

形态特征：常绿乔木，高达 10 米或以上。树皮光滑。单叶互生，心状圆形，盾状，长 20~40 厘米，宽 15~30 厘米，先端急尖，基部圆形至心形，近纸质，全缘，具 3~7 脉；叶柄几与叶片等长。聚伞花序或圆锥花序腋生；每个聚伞花序具苞片 4。花单性同株，两侧为雄花；花被片 6，排列成 2 轮；雄蕊 3，每个花丝基部具 2 个腺体；中央的为雌花，无小花梗，花被片 8，2 轮，基部具杯状总苞；子房下位，花柱短，柱头膨大，不规则的齿裂，具不育雄蕊 4。果为 1 膨大总苞所包被，肉质，直径 3~4 厘米；种子 1 粒，球形，种皮厚而坚硬。花果期 9 月至翌年 2 月。

地理分布：分布于亚洲热带地区；我国分布于海南省三亚市和三沙市、台湾南部。

生态与生境：为珊瑚岛海岸林代表树种，喜阳光，耐盐碱，抗风力强。常生长在海滨或沙滩上。

繁殖及栽培管理：种子繁殖或扦插繁殖。常规种植后浇足定根水，以后适时浇水，每次要浇透水（每株给水 2.5~3.0 千克），在旱季需要适当多浇水；种植 3 个月后追施一次复合肥（100 克），以后每半年追施一次氮磷钾缓释复合肥（100 克），施完肥后及时浇水，防止烧苗。

应用范围：树形优美，可用于防风固沙绿地、公共绿地、防护林、行道树等。

海葡萄

Coccoloba uvifera (L.) L.

蓼科 Polygonaceae

海葡萄属 *Coccoloba*

形态特征： 常绿乔木，高 2~10 米。分枝平展或蔓延。树皮灰色，片状剥落。小枝嫩时绿色，被微柔毛，成熟时灰色，无毛或被短柔毛。嫩枝的叶通常较大，与成熟枝的叶常常形状不同；托叶鞘棕色或红棕色，圆筒状至漏斗状，长 3~8 毫米，边缘倾斜；叶柄长 5~15 毫米，被微柔毛；叶片圆形至椭圆形，长 8~25 厘米，宽 6~20(~27) 厘米，长等于或小于宽，革质，基部心形，先端圆形，钝或微凹，无毛。花序长 10~30 厘米，雌花在果期下垂；花序梗 1~5 厘米，无毛。花梗长 1~4 毫米。花被片圆形至宽椭圆形。每花序具雄花 1~7 朵。雌花管状倒梨形，长 12~20 毫米，肉质。瘦果长 8~11 毫米，有光泽。全年开花。

地理分布： 原产西印度群岛、中美洲、南美洲。我国广州有引种栽培。

生态与生境： 喜光，耐旱。能生长于沙土和黏土等各种土壤，在微碱性土壤中也能生长。

繁殖及栽培管理： 种子繁殖及枝条扦插。常规

种植后浇足定根水，以后适时浇水，每次要浇透水（每株给水 2.5~3.0 千克），在旱季需要适当多浇水；种植 3 个月后追施一次复合肥（100 克），以后每半年追施一次氮磷钾缓释复合肥（150 克），施完肥后及时浇水，防止烧苗。

应用范围： 可用于公共绿地和行道树。

抗风桐（白避霜花、麻枫桐）

Pisonia grandis R. Br. [*Ceodes grandis* (R. Br.) D. Q. Lu]

紫茉莉科 Nyctaginaceae

胶果藤属 *Pisonia*

地理分布：我国西沙群岛（东岛、永兴岛、石岛、晋卿岛、琛航岛、广金岛、金银岛、甘泉岛、珊瑚岛和赵述岛）和东沙群岛。

生态与生境：本种为西沙群岛最常见和最高大的乔木树种，常为纯林。通常生长于珊瑚岛中部沙地，环境通常为高盐碱的珊瑚沙，在土壤肥沃时生长良好。具有很强的抗风、抗旱和抗盐碱能力。

繁殖及栽培管理：种子繁殖及扦插繁殖。常规种植后浇足定根水，以后适时浇水，每次要浇透水（每株给水2.5~3.0千克），在旱季需要适当多浇水；种植3个月后追施一次复合肥（100克），以后每半年追施一次氮磷钾缓释复合肥（150克），施完肥后及时浇水，防止烧苗。

应用范围：可用于防护林、防风固沙绿地、公共绿地、行道树等。

形态特征：常绿乔木。树干具明显的沟和大叶痕，树皮灰白色，皮孔明显。叶对生，叶片纸质或膜质，椭圆形、长圆形或卵形，长10~30厘米，宽6~20厘米，顶端急尖至渐尖，基部圆形或微心形，常偏斜，全缘，侧脉8~10对；叶柄长1~8厘米。聚伞花序顶生或腋生，长1~4厘米，宽3~5厘米；花序梗长约1.5厘米，被淡褐色毛；花梗长1~1.5毫米，顶部有2~4长圆形小苞片；花被筒漏斗状，长约4毫米，5齿裂，有5列黑色腺体；花两性；雄蕊6~10，伸出花被约2毫米；柱头画笔状，不伸出。果实棍棒状，长约12毫米，宽约2.5毫米，5棱，沿棱具1列有黏液的短皮刺，棱间有毛；种子长9~10毫米，宽1.5~2毫米。花期夏季；果期夏末、秋季。

香蒲桃

Syzygium odoratum DC.

桃金娘科 Myrtaceae

蒲桃属 *Syzygium*

种植3个月后追施一次复合肥（100克），以后每半年追施一次氮磷钾缓释复合肥（150克），施完肥后及时浇水，防止烧苗。

应用范围： 可用于构建防护林、防风固沙绿地以及公共绿地。

形态特征： 常绿乔木，高达20米；嫩枝纤细，圆形或略压扁，干后灰褐色。叶片革质，卵状披针形或卵状长圆形，长3~7厘米，宽1~2厘米，先端尾状渐尖，基部钝或阔楔形，正面干后橄榄绿色，有光泽，多下陷的腺点，背面同色，侧脉多而密，彼此相隔约2毫米，在正面不明显，在背面稍突起，以45°开角斜向上，在靠近边缘1毫米处结合成边脉；叶柄长3~5毫米。圆锥花序顶生或近顶生，长2~4厘米；花瓣分离或帽状。果实球形，直径6~7毫米，略有白粉。花期6~8月；果期12月至翌年2月。

地理分布： 越南。我国分布于广东、海南、广西等地。

生态与生境： 喜光，也耐阴，常见于海岸平地疏林或空旷沙地上。

繁殖及栽培管理： 播种或扦插繁殖。常规种植后浇足定根水，以后适时浇水，每次要浇透水（每株给水2.5~3.0千克），在旱季需要适当多浇水；

榄仁树（榄仁、山枇杷树）

Terminalia catappa L.

使君子科 Combretaceae

诃子属 *Terminalia*

克），施完肥后及时浇水，防止烧苗。

应用范围：适合用于防护林、防风固沙绿地、公共绿地以及行道树。

形态特征：大乔木，高达 15 米或以上，树皮褐黑色，纵裂而剥落状；枝平展，近顶部密被棕黄色的绒毛，具密而明显的叶痕。叶大，互生，常密集于枝顶，叶片倒卵形，长 12~22 厘米，宽 8~15 厘米，先端钝圆或短尖，中部以下渐狭，基部截形或狭心形，全缘；叶柄短而粗壮，长 10~15 毫米，被毛。穗状花序长而纤细，腋生，长 15~20 厘米；花多数，绿色或白色。果椭圆形，具 2 棱，棱上具翅状的狭边，长 3~4.5 厘米，宽 2.5~3.1 厘米，厚约 2 厘米，两端稍渐尖，果皮木质，坚硬，成熟时青黑色；种子矩圆形。花期 3~6 月；果期 7~9 月。

地理分布：马来西亚、越南以及印度、大洋洲、南美热带海岸。我国分布于广东、海南、台湾、云南东南部。

生态与生境：耐盐碱，耐旱，耐瘠薄，抗污染，易移植。常生长于海边或沙地。

繁殖及栽培管理：播种繁殖。常规种植后浇足定根水，以后适时浇水，每次要浇透水（每株给水 2.5~3.0 千克），在旱季需要适当多浇水；种植 3 个月后追施一次复合肥（100 克），以后每半年追施一次氮磷钾缓释复合肥（150

红厚壳
（琼崖海棠、海棠木、海棠果）

Calophyllum inophyllum L.

藤黄科 Guttiferae

红厚壳属 *Calophyllum*

形态特征： 乔木，高 5~12 米；树皮厚，灰褐色或暗褐色，有纵裂缝，创伤处常渗出透明树脂；幼枝具纵条纹。叶片厚革质，宽椭圆形或倒卵状椭圆形，长 8~15 厘米，宽 4~8 厘米，顶端圆或微缺，基部钝圆或宽楔形，两面具光泽；叶柄粗壮，长 1~2.5 厘米。总状花序或圆锥花序近顶生，有花 7~11 朵，长 10 厘米以上；花两性，白色，微香，直径 2~2.5 厘米；花梗长 1.5~4 厘米；花瓣 4 枚，倒披针形，长约 11 毫米，顶端近平截或浑圆，内弯。果圆球形，直径约 2.5 厘米，成熟时黄色。花期 3~6 月；果期 9~11 月。

地理分布： 分布于印度、斯里兰卡、中南半岛、马来西亚、印度尼西亚（苏门答腊）、安达曼群岛、菲律宾群岛、波利尼西亚以及马达加斯加和澳大利亚等地。我国分布于海南、台湾等地，西沙群岛的永兴岛、东岛等较常见。

生态与生境： 根系发达，耐旱、耐盐碱，抗风，常生长于丘陵空旷地和海滨沙荒地上。

繁殖及栽培管理： 播种繁殖。常规种植后浇足定根水，以后适时浇水，每次要浇透水（每株给水 2.5~3.0 千克），在旱季需要适当多浇水；种植 3 个月后追施一次复合肥（100 克），以后每半年追施一次氮磷钾缓释复合肥（150 克），施肥后应及时浇水，防止烧苗。

应用范围： 适合用于行道树及构建防护林、防风固沙绿地和公共绿地等。

银叶树

Heritiera littoralis Dryand.

梧桐科 Sterculiaceae

银叶树属 *Heritiera*

形态特征：常绿乔木，高达 10 米。叶革质，矩圆状披针形、椭圆形或卵形，长 10~20 厘米，宽 5~10 厘米，顶端锐尖或钝，基部钝，背面密被银白色鳞秕；叶柄长 1~2 厘米。圆锥花序腋生，长约 8 厘米，密被星状毛和鳞秕；花红褐色；萼钟状，长 4~6 毫米，两面均被星状毛，5 浅裂，裂片三角形，长约 2 毫米；雄花的花盘较薄，有乳头状突起，雌雄蕊柄短而无毛，花药 4~5 个在雌雄蕊柄顶端排成一环；雌花的心皮 4~5 枚。果木质，坚果状，近椭圆形，光滑，干时黄褐色，长约 6 厘米，宽约 3.5 厘米，背部有龙骨状突起；种子卵形，长 2 厘米。花期夏季；果期冬季。

地理分布：印度、越南、柬埔寨、斯里兰卡、菲律宾和东南亚各地以及非洲东部、大洋洲。我国分布于广东、海南、广西和台湾沿海。

生态与生境：属半红树植物，生于海滨潮间带或沙荒地上。

繁殖及栽培管理：播种繁殖。常规种植后浇足定根水，以后适时浇水，每次要浇透水（每株给水 2.5~3.0 千克），在旱季需要适当多浇水；种植 3 个月后追施一次复合肥（100 克），以后每半年追施一次氮磷钾缓释复合肥（150 克），施肥后应及时浇水，防止烧苗。

应用范围：可用于构建防护林、防风固沙绿地、公共绿地。

黄槿（桐花、海麻、万年春、盐水面头果）

Hibiscus tiliaceus L.

锦葵科 Malvaceae

木槿属 *Hibiscus*

形态特征：常绿乔木，高可达 10 米；树皮灰白色。叶革质，近圆形或广卵形，直径 8~15 厘米，先端突尖，基部心形，全缘或具不明显细圆齿，叶脉 7 或 9 条；叶柄长 3~8 厘米。花序顶生或腋生，常数花排列成聚散花序，总花梗长 4~5 厘米，花梗长 1~3 厘米，基部有一对托叶状苞片；花冠钟形，直径 6~7 厘米，花瓣黄色，内面基部暗紫色，倒卵形，长约 4.5 厘米，外面密被黄色星状柔毛。蒴果卵圆形，长约 2 厘米，被绒毛，果裂片 5，木质；种子光滑，肾形。花期 6~8 月。

地理分布：越南、柬埔寨、老挝、缅甸、印度、印度尼西亚、马来西亚及菲律宾。我国分布于广东、海南、福建、台湾等地。

生态与生境：耐干旱、盐碱和瘠薄的土壤。常生长于海边。

繁殖及栽培管理：播种繁殖。常规种植后浇足定根水，以后适时浇水，每次要浇透水（每株给水 2.5~3.0 千克），在旱季需要适当多浇水；种植 3 个月后追施一次复合肥（100 克），以后每半年追施一次氮磷钾缓释复合肥（150 克），施肥后应及时浇水，防止烧苗。

应用范围：可用于构建防护林、防风固沙绿地、公共绿地以及行道树。

桐棉（杨叶肖槿）

Thespesia populnea (L.) Sol. ex Corrêa

锦葵科 Malvaceae

桐棉属 *Thespesia*

印度、泰国、菲律宾及非洲热带。我国分布于广东、海南、台湾。

生态与生境：稍耐旱、耐瘠薄。常生于海边和海岸向阳处。

繁殖及栽培管理：播种繁殖。常规种植后浇足定根水，以后适时浇水，每次要浇透水（每株给水 2.5~3.0 千克），在旱季需要适当多浇水；种植 3 个月后追施一次复合肥（100 克），以后每半年追施一次氮磷钾缓释复合肥（150 克），施肥后应及时浇水，防止烧苗。

应用范围：可用于构建防护林、防风固沙绿地、公共绿地以及行道树。

形态特征：常绿乔木，高约 6 米；小枝具褐色盾形细鳞秕。叶卵状心形，长 7~18 厘米，宽 4.5~11 厘米，先端长尾状，基部心形，全缘，正面无毛，背面被稀疏鳞秕；叶柄长 4~10 厘米，具鳞秕；托叶线状披针形，长约 7 毫米。花单生于叶腋间；花梗长 2.5~6 厘米，密被鳞秕；花萼杯状，截形，直径约 15 毫米，具 5 尖齿，密被鳞秕；花冠钟形，黄色，内面基部具紫色块，长约 5 厘米；雄蕊柱长约 25 毫米；花柱棒状，端具 5 槽纹。蒴果梨形，直径约 5 厘米；种子三角状卵形，长约 9 毫米，被褐色纤毛，间有脉纹。花期几乎全年。

地理分布：国外分布于越南、柬埔寨、斯里兰卡、

血桐

Macaranga tanarius (L.) Müll. Arg.

大戟科 Euphorbiaceae

血桐属 *Macaranga*

形态特征：乔木，高可达 10 米；嫩枝、嫩叶、托叶均被黄褐色柔毛或有时嫩叶无毛；小枝粗壮，无毛，被白霜。叶纸质或薄纸质，近圆形或卵圆形，长 17~30 厘米，宽 14~24 厘米，顶端渐尖，基部钝圆，盾状着生，全缘或叶缘具浅波状小齿。叶背面密生颗粒状腺体；掌状脉 9~11 条，侧脉 8~9 对；叶柄长 14~30 厘米；托叶膜质，长三角形或宽三角形。雌雄异株，雌株的嫩叶常无毛。雄花序圆锥状，长 5~14 厘米。雌花序圆锥状，长 5~15 厘米。蒴果具 2~3 个分果爿，密被颗粒状腺体以及数枚软刺。种子近球形。花期 4~5 月；果期 6 月。

地理分布：分布于琉球群岛、越南、泰国、缅甸、马来西亚、印度尼西亚、澳大利亚北部。我国主要分布于广东（珠江口岛屿）、香港、澳门、海南、台湾等地。

生态与生境：生于沿海低山灌木林或次生林中。

繁殖及栽培管理：种子繁殖或扦插繁殖。常规种植后浇足定根水，以后适时浇水，每次要浇透水（每株给水 2.5~3.0 千克），在旱季需要适当多浇水；种植 3 个月后追施一次复合肥（100 克），以后每半年追施一次氮磷钾缓释复合肥（150 克），施肥后应及时浇水，防止烧苗。

应用范围：可用于构建防风固沙绿地、公共绿地。

西沙东岛抗风桐林与红脚鲣鸟

大叶相思

Acacia auriculaeformis A. Cunn. ex Benth

含羞草科 Mimosaceae

金合欢属 *Acacia*

形态特征：常绿乔木，高可达 30 米。树皮平滑，灰白色。枝干无刺，小枝有棱、绿色且枝条下垂，小枝无毛，皮孔显著。幼苗具二回羽状复叶，末回每个分枝叶柄上有小叶 6~8 对，幼苗第 4 片真叶才开始变态，即小叶退化，叶柄呈叶状，变态叶披针形、革质，长 10~25 厘米，宽 1.5~5 厘米，两端渐狭，顶端略钝，平行脉 3~6 条（其中 3 条特别明显）。假叶互生，呈椭圆形，长约 10 厘米。穗状花序，长 5~6 厘米，径约 2 厘米，1 至数枝簇生于叶腋或枝顶；花橙黄色，芳香，由五枚花瓣组成。荚果初始平直，成熟时扭曲成圆环状，结种处略膨大。种子椭圆形，坚硬、黑色、有光泽。花期 10~12 月；果期翌年 3~4 月。

地理分布：原产澳大利亚北部及新西兰。我国华南地区有栽培。

生态与生境：适应性强，耐旱、耐瘠薄。抗风能力较弱，常会风倒或风折，但萌生力很强。常见于海岸边或海边沙地。

繁殖及栽培管理：种子繁殖及扦插繁殖。种子去荚后用温水（约 60℃）浸种，待种子膨胀后取出晾干，点播于营养袋内。扦插于 3 月份进行。常规种植后浇足定根水，以后适时浇水，每次要浇透水（每株给水 2.5~3.0 千克），在旱季需要适当多浇水；种植 3 个月后追施一次复合肥（100 克），以后每半年追施一次氮磷钾缓释复合肥（150 克），施肥后应及时浇水，防止烧苗。

应用范围：可用于构建防风固沙绿地和防护林。

台湾相思

Acacia confuse Merr.

含羞草科 Mimosaceae

金合欢属 *Acacia*

形态特征：常绿乔木，高达 15 米；枝灰色或褐色，无刺，小枝纤细。苗期第一片真叶为羽状复叶，长大后小叶退化，叶柄变为叶状柄，叶状柄革质，披针形，长 6~10 厘米，宽 5~13 毫米，直或微呈弯镰状，两端渐狭，先端略钝。头状花序球形，单生或 2~3 个簇生于叶腋，直径约 1 厘米；总花梗纤弱，长 8~10 毫米；花金黄色，有微香；花瓣淡绿色，长约 2 毫米。荚果扁平，长 4~9（12）厘米，宽 7~10 毫米；种子 2~8 颗，椭圆形。花期 3~10 月；果期 8~12 月。

地理分布：原产我国台湾，菲律宾。广东、海南、广西、福建、云南和江西等省有栽培。

生态与生境：喜光，亦耐半阴，耐旱和贫瘠土壤，常见于海岸边或海边沙地。根部有根瘤，能固氮，对增加土壤肥力和改良土壤效果显著。

繁殖及栽培管理：种子繁殖及扦插繁殖。种子种皮坚硬，播种前用 70~80℃的热水烫种，将热水倒入盛种子的容器内，边倒入热水边搅动种子，持续 15 分钟，然后放置 24 小时。将膨胀的种子淘出，晾干，点播于营养袋内。常规种植后浇足定根水，以后适时浇水，每次要浇透水（每株给水 2.5~3.0 千克），在旱季需要适当多浇水；种植 3 个月后追施一次复合肥（100 克），以后每半年追施一次氮磷钾缓释复合肥（150 克），施肥后应及时浇水，防止烧苗。

应用范围：可用于构建防护林和防风固沙绿地。

银合欢（白合欢）

Leucaena leucocephala (Lam.) de Wit

含羞草科 Mimosaceae

银合欢属 *Leucaena*

生态与生境： 喜光，喜温暖环境。具有很强的抗旱、抗风能力和萌生力。适应土壤条件范围很广，可生长于珊瑚礁砂地上，中性至微碱性土壤条件下生长较好。

繁殖及栽培管理： 种子繁殖。常规种植后浇足定根水，以后适时浇水，每次要浇透水（每株给水 2.5~3.0 千克），在旱季需要适当多浇水；种植 3 个月后追施一次复合肥（100 克），以后每半年追施一次氮磷钾缓释复合肥（150 克），施肥后应及时浇水，防止烧苗。

应用范围： 可用于构建防护林、防风固沙绿地、公园绿地等。

形态特征： 小乔木，高可达 8 米；幼枝被短柔毛，老枝无毛，具褐色皮孔，无刺；托叶三角形，小。羽片 4~8 对，叶轴被柔毛，在最下一对羽片着生处有黑色腺体 1 枚；小叶 5~15 对，线状长圆形，先端急尖，基部楔形，边缘被短柔毛，中脉偏向小叶上缘，两侧不等宽。头状花序通常 1~2 个腋生；苞片紧贴，被毛，早落；花白色；花萼顶端具 5 细齿，外面被柔毛；花瓣狭倒披针形，背被疏柔毛；雄蕊 10 枚，通常被疏柔毛。荚果带状，顶端凸尖，基部有柄，纵裂，被微柔毛；种子 6~25 颗，卵形，褐色，扁平，光亮。花期 4~7 月；果期 8~10 月。

地理分布： 原产热带美洲，现广布于热带、亚热带地区。我国广东、海南、广西、福建、台湾、云南等地有栽培。

水黄皮

Pongamia pinnata (L.) Pierre

蝶形花科 Papilionaceae

水黄皮属 *Pongamia*

形态特征： 乔木，高达 15 米。羽状复叶长 20~25 厘米；小叶 2~3 对，近革质，卵形，阔椭圆形至长椭圆形，长 5~10 厘米，宽 4~8 厘米，先端短渐尖或圆形，基部宽楔形、圆形或近截形。总状花序腋生，长 15~20 厘米，通常 2 朵花簇生于花序总轴的节上；花冠白色或粉红色，长 12~14 毫米，各瓣均具柄，旗瓣背面被丝毛，边缘内卷，龙骨瓣略弯曲。荚果长 4~5 厘米，宽 1.5~2.5 厘米，顶端有微弯曲的短喙，不开裂，有种子 1 粒；种子肾形。花期 5~6 月；果期 8~10 月。

地理分布： 国外分布于印度、斯里兰卡、马来西亚、澳大利亚、波利尼西亚。我国主要分布于广东东南部沿海地区、海南、福建。

生态与生境： 属半红树植物。喜温暖湿润气候。具有很强的抗风力和萌生力，耐水淹。生于溪边、塘边及海边潮汐能到达的地方。可生长于珊瑚礁砂地上。

繁殖及栽培管理： 种子繁殖。常规种植后浇足定根水，以后适时浇水，每次要浇透水（每株给水 2.5~3.0 千克），在旱季需要适当多浇水；种植 3 个月后追施一次复合肥（100 克），以后每半年追施一次氮磷钾缓释复合肥（150 克），施肥后应及时浇水，防止烧苗。

应用范围： 可用于构建防护林、防风固沙绿地、行道树、公园绿地等。种子含油多，也可用作能源植物。

木麻黄
（短枝木麻黄、驳骨树、马尾树）

Casuarina equisetifolia Forst.

木麻黄科 Casuarinaceae

木麻黄属 *Casuarina*

形态特征：乔木，高可达 30 米。枝红褐色，有密集的节；最末次分出的小枝灰绿色，纤细，直径 0.8~0.9 毫米，长 10~27 厘米，常柔软下垂，具 7~8 条沟槽及棱。叶鳞片状每轮 7 枚，披针形或三角形，长 1~3 毫米，紧贴。花雌雄同株或异株；雄花序棒状圆柱形，长 1~4 厘米，有覆瓦状排列、被白色柔毛的苞片；小苞片具缘毛；花被片 2；雌花序顶生于近枝顶的侧生短枝上。球果状果序椭圆形，长 1.5~2.5 厘米，直径 1.2~1.5 厘米，两端近截平或钝；小苞片变木质，阔卵形，顶端略钝或急尖，背无隆起的棱脊；小坚果连翅长 4~7 毫米，宽 2~3 毫米。花期 4~5 月；果期 7~10 月。

地理分布：原产澳大利亚和太平洋岛屿，现在美洲热带地区和亚洲东南部沿海地区广泛栽植。我国广东、广西、福建、台湾沿海地区普遍栽植。

生态与生境：生长迅速，萌芽力强，对立地条件要求不高，根系深广，耐干旱、抗风沙、耐盐碱。喜生长于海边沙壤土或珊瑚砂等处。

繁殖及栽培管理：种子繁殖及扦插繁殖。常规种植后浇足定根水，以后适时浇水，每次要浇透水（每株给水 2.5~3.0 千克），在旱季需要适当多浇水；种植 3 个月后追施一次复合肥（100 克），以后每半年追施一次氮磷钾缓释复合肥（150 克），施肥后应及时浇水，防止烧苗。

应用范围：为热带海岸防风固沙的优良先锋树种，可用于构建防护林和防风固沙绿地。

构树

Broussonetia papyrifera (L.) L'Hér. ex Vent.

桑科 Moraceae

构属 *Broussonetia*

形态特征：乔木，高达 10 米以上。叶螺旋状排列，广卵形至长椭圆状卵形，长 6~18 厘米，宽 5~9 厘米，先端渐尖，基部心形，两侧常不相等，边缘具粗锯齿，不分裂或 3~5 裂，幼树之叶常有明显分裂，表面粗糙，疏生糙毛，背面密被绒毛，基生三出脉，侧脉 6~7 对；叶柄长 2.5~8 厘米，密被糙毛；托叶大，卵形，狭渐尖，长 1.5~2 厘米，宽 0.8~1 厘米。花雌雄异株；雄花序为柔荑花序，粗壮，长 3~8 厘米；雌花序球形头状。聚花果直径 1.5~3 厘米，成熟时橙红色。花期 4~5 月；果期 6~7 月。

地理分布：国外分布于印度、缅甸、泰国、越南、马来西亚、日本、朝鲜。我国南北各地均有分布。

生态与生境：生长迅速，萌芽力强，对立地条件要求不高，根系深广，耐干旱、抗风沙、耐盐碱。

繁殖及栽培管理：种子繁殖及扦插繁殖。常规种植后浇足定根水，以后适时浇水，每次要浇透水（每株给水 2.5~3.0 千克），在旱季需要适当多浇水；种植 3 个月后追施一次复合肥（100 克），以后每半年追施一次氮磷钾缓释复合肥（150 克），施肥后应及时浇水，防止烧苗。

应用范围：可用于构建防护林和防风固沙绿地；也可作为饲料植物。

笔管榕

Ficus superba Miq. var. *japonica* Miq.

桑科 Moraceae

榕属 *Ficus*

形态特征：乔木。叶互生或簇生，近纸质，无毛，椭圆形至长圆形，先端短渐尖，基部圆形，边缘全缘或微波状；叶柄长约3~7厘米。榕果单生或成对或簇生于叶腋或无叶枝上，扁球形，直径5~8毫米，成熟时紫黑色，顶部微下陷，基生苞片3，宽卵圆形，革质；雄花、瘿花、雌花生于同一榕果内；雄花很少，花被片3，宽卵形，雄蕊1枚，花药卵圆形，花丝短；雌花无柄或有柄，花被片3，披针形；瘿花多数，与雌花相似，仅子房有粗长的柄，柱头线形。花期4~6月。

地理分布：分布于缅甸、泰国、中南半岛、马来西亚（西海岸）至琉球。我国分布于广东、海南、福建、台湾、浙江、云南。

生态与生境：常生长于海岸边，或海拔1400米以下的平原或村旁。

繁殖及栽培管理：种子繁殖及枝条扦插。常规种植后浇足定根水，以后适时浇水，每次要浇透水（每株给水2.5~3.0千克），在旱季需要适当多浇水；种植3个月后追施一次复合肥（100克），以后每半年追施一次氮磷钾缓释复合肥（150克），施肥后应及时浇水，防止烧苗。

应用范围：可用于行道树、公园绿地。

苦楝
（楝、楝树、紫花树、森树）

Melia azedarach L.

棟科 Meliaceae

楝属 *Melia*

形态特征: 落叶乔木，高达 10 余米；树皮灰褐色，纵裂。叶为二或三回奇数羽状复叶；小叶对生，卵形、椭圆形至披针形。圆锥花序约与叶等长；花芳香；花萼 5 深裂，裂片卵形或长圆状卵形，外面被微柔毛；花瓣淡紫色，倒卵状匙形，两面均被微柔毛；雄蕊管紫色；子房近球形，5~6 室，每室有胚珠 2 颗，花柱细长，柱头不伸出雄蕊管。核果球形至椭圆形，内果皮木质，4~5 室，每室有种子 1 颗；种子椭圆形。花期 4~5 月；果期 10~12 月。

地理分布: 广布于亚洲热带和亚热带地区。我国分布于黄河以南各省区，在华南地区海边常见。

生态与生境: 喜温暖、湿润气候，喜光，萌芽力强，抗风，抗病害能力强，生长迅速。耐干旱、瘠薄，对土壤要求不严，在酸性、中性和碱性土壤中均能生长，在含盐量 0.45% 以下的盐渍地上也能生长良好。

繁殖及栽培管理: 种子繁殖及扦插繁殖。常规种植后浇足定根水，以后适时浇水，每次要浇透水（每株给水 2.5~3.0 千克），在旱季需要适当多浇水；种植 3 个月后追施一次复合肥（100 克），以后每半年追施一次氮磷钾缓释复合肥（150 克），施肥后应及时浇水，防止烧苗。

应用范围: 可用于行道树、防风固沙绿地和公园绿地。

海杜果

Cerbera manghas L.

夹竹桃科 Apocynaceae

海杜果属 *Cerbera*

形态特征：乔木，高达 8 米；树皮灰褐色；全株具丰富乳汁。叶厚纸质，倒卵状长圆形或倒卵状披针形，顶端钝或短渐尖，基部楔形，长 6~37 厘米，宽 2.3~7.8 厘米；叶柄长 2.5~5 厘米，浅绿色；花白色，直径约 5 厘米，芳香；总花梗和花梗绿色，无毛，具不明显的斑点；总花梗长 5~21 厘米；花梗长 1~2 厘米；花萼裂片长圆形或倒卵状长圆形，顶端短渐尖或钝，长 1.3~1.6 厘米，宽 4~7 毫米，不等大，向下反卷，黄绿色；花冠筒圆筒形，上部膨大，下部缩小，长 2.5~4 厘米，外面黄绿色，喉部染红色，具 5 枚被柔毛的鳞片，花冠裂片白色，背面左边染淡红色，倒卵状镰刀形，顶端具短尖头，长 1.5~2.5 厘米；雄蕊着生在花冠筒喉部。核果双生或单个，阔卵形或球形，长 5~7.5 厘米，直径 4~5.6 厘米，顶端钝或急尖，未成熟绿色，成熟时橙黄色；种子通常 1 颗。花期 3~10 月；果期 7 月至翌年 4 月。杜果为漆树科果树，与本种不同。

地理分布：亚洲和澳大利亚热带地区有分布。我国主要分布于广东南部、海南、广西南部和台湾。

生态与生境：生于海边或近海边湿润的地方。

繁殖及栽培管理：种子繁殖及扦插繁殖。常规种植后浇足定根水，以后适时浇水，每次要浇透水（每株给水 2.5~3.0 千克），在旱季需要适当多浇水；种植 3 个月后追施一次复合肥（100 克），以后每半年追施一次氮磷钾缓释复合肥（150 克），施肥后应及时浇水，防止烧苗。

应用范围：可用于行道树、防风固沙绿地和公园绿地。因果皮含海杜果碱、毒性苦味素、生物碱、氰酸等，具有毒性，不推荐大量种植。

海岸桐（黑皮树）

Guettarda speciosa L.

茜草科 Rubiaceae

海岸桐属 *Guettarda*

形态特征： 常绿小乔木，高 3~8 米；树皮黑色，光滑；小枝粗壮，交互对生，有明显的皮孔。

叶对生，薄纸质，阔倒卵形或广椭圆形，长 11~15 厘米，宽 8~11 厘米，顶端急尖，钝或圆形，基部渐狭；叶柄粗厚，长 2~5 厘米，被毛。聚伞花序常生于已落叶的叶腋内，有短而广展、二叉状的分枝，分枝密被茸毛；总花梗长 5~7 厘米；花芳香，密集于分枝的一侧；萼管杯形，长 2~2.5 毫米，萼檐管形，截平；花冠白色，盛开时长 3.5~4 厘米，管狭长，顶端 7~8 裂，裂片倒卵形，长约 1 厘米，顶端急尖。核果幼时被毛，扁球形，直径 2~3 厘米；种子小，弯曲。花期 4~7 月。

地理分布： 分布于热带海岸。我国分布于海南、台湾，在西沙群岛的永兴岛、东岛、晋卿岛、琛航岛、广金岛、金银岛、甘泉岛、珊瑚岛等岛屿较常见。

生态与生境： 耐旱、耐盐碱，抗风。常生长于海岸沙地的灌丛边缘。

繁殖及栽培管理： 种子繁殖及扦插繁殖。常规种植后浇足定根水，以后适时浇水，每次要浇透水（每株给水 2.5~3.0 千克），在旱季需要适当多浇水；种植 3 个月后追施一次复合肥（100 克），以后每半年追施一次氮磷钾缓释复合肥（150 克），施肥后应及时浇水，防止烧苗。

应用范围： 可用于构建防护林、防风固沙绿地、公园绿地。

海滨木巴戟（海巴戟、诺尼果）

Morinda citrifolia L.

茜草科 Rubiaceae

巴戟天属 *Morinda*

形态特征：常绿小乔木或灌木，高 2~5 米。叶交互对生，长圆形、椭圆形或卵圆形，长 12~25 厘米，两端渐尖或急尖，通常具光泽，无毛，全缘；叶柄长 5~20 毫米；托叶生长于叶柄间，每侧 1 枚，宽，上部扩大呈半圆形，全缘。头状花序每隔一节一个，与叶对生，具长约 1~1.5 厘米的花序梗；花多数，无梗；萼管彼此间多少黏合，萼檐近截平；花冠白色，漏斗形，长约 1.5 厘米。果柄长约 2 厘米；聚花核果浆果状，卵形，幼时绿色，熟时白色，如初生鸡蛋大，径约 2.5 厘米，每核果具 4 分核，分核倒卵形，具二室，上侧室大而空，下侧室狭，具 1 种子。花果期全年。

地理分布：分布自印度和斯里兰卡，经中南半岛，南至澳大利亚北部，东至波利尼西亚等广大地区及其海岛。我国分布于海南、台湾等地，在西沙群岛（永兴岛、石岛、东岛、中建岛、晋卿岛、琛航岛、广金岛、金银岛、甘泉岛、珊瑚岛、赵述岛、北岛、南岛）和南沙群岛（太平岛）野生或有栽培。

生态与生境：喜光，耐盐碱，耐瘠薄土壤。生于海滨平地或疏林下。

繁殖及栽培管理：种子繁殖及扦插繁殖。常规种植后浇足定根水，以后适时浇水，每次要浇透水（每株给水 2.5~3.0 千克），在旱季需要适当多浇水；种植 3 个月后追施一次复合肥（约 80 克），以后每半年追施一次氮磷钾缓释复合肥（每株约 150 克），施肥后应及时浇水，防止烧苗。

应用范围：可用于构建防风固沙绿地、公园绿地或果树。果可食用，可作为果树种植。

橙花破布木

Cordia subcordata Lam.

紫草科 Boraginaceae

破布木属 *Cordia*

形态特征： 常绿乔木，高约10米，树皮黄褐色。叶卵形或狭卵形，长8~18厘米，宽6~13厘米，先端尖或急尖，基部钝或近圆形，稀心形，全缘或微波状，正面具明显或不明显的斑点，背面叶脉或脉腋间密生棉毛；叶柄长3~6厘米，无毛。聚伞花序与叶对生；花梗长3~6毫米；花萼革质，圆筒状，长约13毫米，宽约8毫米，具短小而不整齐的裂片；花冠橙红色，漏斗形，长3.5~4.5厘米，喉部直径约4厘米，具圆而平展的裂片。坚果卵球形或倒卵球形，长约2.5厘米，具木栓质的中果皮，被增大的宿存花萼完全包围。花果期6月。

地理分布： 国外分布于非洲东海岸、印度、越南及太平洋南部诸岛屿。我国仅分布于海南，主要见于西沙群岛（永兴岛、石岛、东岛、晋卿岛、琛航岛、金银岛、甘泉岛、珊瑚岛）和南沙群岛（太平岛）。

生态与生境： 根系深广，耐干旱、抗风沙和耐盐碱。生于海边沙地疏林。

繁殖及栽培管理： 种子繁殖及扦插繁殖。常规种植后浇足定根水，以后适时浇水，每次要浇透水（每株给水2.5~3.0千克），在旱季需要适当多浇水；种植3个月后追施一次复合肥（100克），以后每半年追施一次氮磷钾缓释复合肥（150克），施肥后应及时浇水，防止烧苗。

应用范围： 为热带海岸防风固沙的优良树种，可用于防护林、防风固沙绿地、行道树等。

椰子（可可椰子）

Cocos nucifera L.

棕榈科 Palmae

椰子属 *Cocos*

形态特征：乔木状，高可达 30 米，茎粗壮，有环状叶痕，基部增粗。叶羽状全裂，长 3~4 米；裂片多数，外向折叠，革质，线状披针形，长 65~100 厘米或更长，宽 3~4 厘米，顶端渐尖；叶柄粗壮，长达 1 米以上。花序腋生，长 1.5~2 米，多分枝；雄花萼片 3 片，鳞片状，长 3~4 毫米，花瓣 3 枚，卵状长圆形，长 1~1.5 厘米，雄蕊 6 枚；雌花基部有小苞片数枚；萼片阔圆形，宽约 2.5 厘米，花瓣与萼片相似，但较小。果卵球状或近球形，长约 15~25 厘米，外果皮薄，中果皮厚纤维质，内果皮木质坚硬，基部有 3 孔，其中的 1 孔与胚相对，萌发时即由此孔穿出，其余 2 孔坚实，果腔含有胚乳、胚和汁液（椰子水）。花果期秋季。

地理分布：我国分布于广东南部诸岛及雷州半岛、海南、台湾及云南南部热带地区；西沙群岛（永兴岛、石岛、东岛、中建岛、晋卿岛、琛航岛、广金岛、羚羊礁、金银岛、珊瑚岛、鸭公岛、西沙洲、赵述岛、北岛、南沙洲）有栽培。

生态与生境：喜光，喜生长于湿润肥沃的土壤；耐干旱、瘠薄，盐碱。生于海边沙地或干燥沙壤土上。

繁殖及栽培管理：种子繁殖。常规种植后浇足定根水，以后适时浇水，每次要浇透水（每株给水 2.5~3.0 千克），在旱季需要适当多浇水；种植 3 个月后追施一次复合肥（100 克），以后每半年追施一次氮磷钾缓释复合肥（150 克），施肥后应及时浇水，防止烧苗。

应用范围：树形优美，是热带地区绿化、美化环境的优良树种，可用于行道树、公园绿地。果可食用，可作为果树种植。

西沙群岛抗风桐林

（二）灌木

水芫花

Pemphis acidula J. R. et Forst.

千屈菜科 Lythraceae

水芫花属 *Pemphis*

形态特征：灌木（偶为小乔木），高约 1 米，多分枝。叶对生，厚，肉质，椭圆形、倒卵状矩圆形或线状披针形，长 1~3 厘米，宽 5~15 毫米；无叶柄或叶柄仅长 2 毫米。花腋生，花梗长 5~13 毫米，苞片长约 4 毫米，花二型，花萼长 4~7 毫米，有 12 棱，6 浅裂，裂片直立；花瓣 6，白色或粉红色，倒卵形至近圆形，与萼等长或更长；雄蕊 12，6 长 6 短，长短相间排列，在长花柱的花中。蒴果革质，倒卵形；种子多数，红色，光亮，有棱角，互相挤压，四周因有海绵质的扩展物，而成厚翅。

地理分布：东半球热带海岸有分布。我国分布于海南西沙群岛（东岛、晋卿岛、琛航岛、广金岛、金银岛、西沙洲、赵述岛）和台湾南部海岸。

生态与生境：喜光，耐热，耐旱，耐瘠薄土壤。生于空旷沙地上。

繁殖及栽培管理：播种或扦插繁殖。常规种植后浇足定根水，以后适时浇水，每次要浇透水（每株给水 1.5~2.0 千克），在旱季需要适当多浇水；种植 3 个月后追施一次复合肥（约 50 克），以后每半年追施一次氮磷钾缓释复合肥（80~100 克），施肥后应及时浇水，防止烧苗。

应用范围：可用于构建防风固沙绿地和公共绿地。

光叶子花
（簕杜鹃、宝巾、三角梅）

Bougainvillea glabra Choisy

紫茉莉科 Nyctaginaceae

叶子花属 *Bougainvillea*

形态特征：藤状灌木。茎粗壮，枝下垂，无毛或疏生柔毛；刺腋生，长 5~15 毫米。叶片纸质，卵形或卵状披针形，长 5~13 厘米，宽 3~6 厘米，顶端急尖或渐尖，基部圆形或宽楔形；叶柄长 1 厘米。花顶生枝端的 3 个苞片内，花梗与苞片中脉贴生，每个苞片上生一朵花；苞片叶状，紫色或洋红色，长圆形或椭圆形，长 2.5~3.5 厘米，宽约 2 厘米，纸质；花被管长约 2 厘米，淡绿色，疏生柔毛，有棱，顶端 5 浅裂；雄蕊 6~8。花期几乎全年。

地理分布：原产巴西。我国南方（包括西沙群岛）多有人工栽植。

生态与生境：喜温暖湿润气候，不耐寒，喜充足光照。品种多样，植株适应性强。能生长于珊瑚沙上，但不宜栽植于风口。

繁殖及栽培管理：扦插繁殖。常规种植后浇足定根水，以后适时浇水，每次要浇透水（每株给水 2.5~3.0 千克），在旱季需要适当多浇水；种植 3 个月后追施一次复合肥（约 50 克），以后每半年追施一次氮磷钾缓释复合肥（80~100 克），施肥后应及时浇水，防止烧苗。每次开完花后应作适当修剪，并追施少量氮磷钾缓释复合肥，以保证下一次开花量多且色艳。

应用范围：可用于构建公共绿地和四旁绿化。

叶子花
（毛宝巾、九重葛、三角花）

Bougainvillea spectabilis Willd.

紫茉莉科 Nyctaginaceae

叶子花属 *Bougainvillea*

给水 2.5~3.0 千克），在旱季需要适当多浇水；种植 3 个月后追施一次复合肥（约 50 克），以后每半年追施一次氮磷钾缓释复合肥（80~100 克），施肥后应及时浇水，防止烧苗。每次开完花后应作适当修剪，并追施少量氮磷钾缓释复合肥，保证下一次开花量多，花色艳。

应用范围：可用于构建公共绿地和四旁绿化。

形态特征：藤状灌木。枝、叶密生柔毛；刺腋生、下弯。叶片椭圆形或卵形，基部圆形，有柄。花序腋生或顶生；苞片椭圆状卵形，基部圆形至心形，长 2.5~6.5 厘米，宽 1.5~4 厘米，暗红色或淡紫红色；花被管狭筒形，长 1.6~2.4 厘米，绿色，密被柔毛，顶端 5~6 裂，裂片开展，黄色，长 3.5~5 毫米；雄蕊 8；子房具柄。果实长 1~1.5 厘米，密生毛。花期几乎全年。

地理分布：原产热带美洲。我国南方有大量栽培。

生态与生境：喜光，喜温暖湿润气候，不耐寒，适应性强。能生长于珊瑚沙上，但不宜栽植于风口处。

繁殖及栽培管理：扦插繁殖。常规种植后浇足定根水，以后适时浇水，每次要浇透水（每株

仙人掌

Opuntia stricta var. *dillenii* (Ker Gawl) L.D. Benson

仙人掌科 Cactaceae

仙人掌属 *Opuntia*

形态特征：丛生肉质灌木，高 1~3 米。上部分枝宽倒卵形、倒卵状椭圆形或近圆形，长 10~35 厘米，宽 7.5~25 厘米，厚达 1.2~2 厘米，先端圆形，边缘通常不规则波状，基部楔形或渐狭，绿色至蓝绿色；小窠疏生，直径 0.2~0.9 厘米，明显突出，成长后刺常增粗并增多，每小窠具 3~20 根刺，密生短绵毛和倒刺刚毛；刺黄色，基部扁，坚硬，长 1.2~6 厘米，宽 1~1.5 毫米；倒刺刚毛暗褐色，长 2~5 毫米，直立。叶钻形，长 4~6 毫米，绿色，早落。花辐状，直径 5~6.5 厘米；花托倒卵形，长 3.3~3.5 厘米，直径 1.7~2.2 厘米，顶端截形并凹陷，基部渐狭，绿色，疏生突出的小窠，小窠具短绵毛、倒刺刚毛和钻形刺；萼状花被片宽倒卵形至狭倒卵形，长 10~25 毫米，宽 6~12 毫米，先端急尖或圆形，具小尖头，黄色，具绿色中肋；瓣状花被片倒卵形或匙状倒卵形，长 25~30 毫米，宽 12~23 毫米，先端圆形、截形或微凹，边缘全缘或浅啮蚀状。浆果倒卵球形，长 4~6 厘米，直径 2.5~4 厘米，紫红色，每侧具 5~10 个突起的小窠，小窠具短绵毛、倒刺刚毛和钻形刺。种子多数，扁圆形，淡黄褐色。花期 6~12 月。

地理分布：原产墨西哥东海岸、美国南部及东南部沿海地区、西印度群岛、百慕大群岛和南美洲北部；在加那利群岛、印度和澳大利亚东部逸生；我国南方沿海地区常见栽培，在广东、广西南部和海南沿海地区逸为野生。西沙群岛（石岛、中建岛、琛航岛、金银岛、珊瑚岛、北岛）有分布。

生态与生境：喜光，耐热，耐旱。常栽作围篱。生于空旷沙地上。

繁殖及栽培管理：播种或扦插繁殖。常规种植后浇足定根水，以后在土壤干旱缺水时适量浇水（每株给水 1.5~2.0 千克）；种植 3 个月后追施一次复合肥（约 50 克），以后每半年追施一次氮磷钾缓释复合肥（80~100 克），施肥后应及时浇水，防止烧苗。

应用范围：可用于构建公共绿地或避鸟绿地。全株入药，行气活血，清热解毒。浆果酸甜可食。

蛇婆子（和他草）

Waltheria indica L.

梧桐科 Sterculiaceae

蛇婆子属 *Waltheria*

形态特征：直立或匍匐状半灌木，高达 1 米，多分枝，小枝密被短柔毛。叶卵形或长椭圆状卵形，长 2.5~4.5 厘米，宽 1.5~3 厘米，顶端钝，基部圆形或浅心形，边缘有小齿，密被短柔毛；叶柄长 0.5~1 厘米。聚伞花序腋生，头状，近于无轴或有长约 1.5 厘米的花序轴；花瓣 5 片，淡黄色，匙形，顶端截形；雄蕊 5 枚。蒴果小，二瓣裂，倒卵形，内有种子 1 个；种子倒卵形，很小。花期夏秋。

地理分布：广泛分布于全世界的热带地区。我国分布于广东、海南、广西、福建、台湾、云南等省区，产西沙群岛（永兴岛、琛航岛、珊瑚岛）。

生态与生境：耐旱、耐瘠薄的土壤，在地面匍匐生长，可作保土植物。生于海边和丘陵地。

繁殖及栽培管理：播种繁殖。常规种植后浇足定根水，以后适时浇水，每次要浇透水（每株给水 2.5~3.0 千克），在旱季需要适当多浇水；种植 3 个月后追施一次复合肥（约 50 克），以后每半年追施一次氮磷钾缓释复合肥（80~100 克），施肥后应及时浇水，防止烧苗。

应用范围：可用于构建防风固沙绿地、公共绿地等。

朱槿（大红花、扶桑）

Hibiscus rosa-sinensis L.

锦葵科 Malvaceae

木槿属 *Hibiscus*

形态特征：常绿灌木，高 1~3 米。叶阔卵形或狭卵形，长 4~9 厘米，宽 2~5 厘米，先端渐尖，基部圆形或楔形，边缘具粗齿或缺刻；叶柄长 5~20 毫米，正面被长柔毛；托叶线形，长 5~12 毫米，被毛。花单生于上部叶腋间，常下垂，花梗长 3~7 厘米，近端有节；花冠漏斗形，直径 6~10 厘米，玫瑰红色或淡红、淡黄等色，花瓣倒卵形，先端圆，外面疏被柔毛。蒴果卵形，长约 2.5 厘米，有喙。花期全年。

地理分布：广东、海南、广西、福建、台湾、四川、云南等省区栽培。西沙群岛（永兴岛、石岛、金银岛、珊瑚岛）有栽培。

生态与生境：可生长于海滨沙地，能生长于适当改良后的珊瑚礁沙地。

繁殖及栽培管理：扦插繁殖。常规种植后浇足定根水，以后适时浇水，每次要浇透水（每株给水 2.5~3.0 千克），在旱季需要适当多浇水；种植 3 个月后追施一次复合肥（约 50 克），以后每半年追施一次氮磷钾缓释复合肥（80~100 克），施肥后应及时浇水，防止烧苗。本种耐修剪，每年可修剪一至两次。

应用范围：园林植物，花大色艳，四季常开。可用于构建公共绿地以及建筑物四旁绿化。

注：常见栽培的还有重瓣朱槿（*Hibiscus roses-sinensis var. rubro-plenus*），主要区别为花重瓣，花色有红色、淡红、橙黄等。

海南槐（绒毛槐）

Sophora tomentosa L.

蝶形花科 Papilionaceae

槐属 *Sophora*

岛的东岛）、台湾。

生态与生境： 生于海滨沙丘及附近小灌木林中。

繁殖及栽培管理： 种子繁殖。常规种植后浇足定根水，以后适时浇水，每次要浇透水（每株给水 1.5~2.5 千克），在旱季需要适当多浇水；种植 3 个月后追施一次复合肥（约 50 克），以后每半年追施一次氮磷钾缓释复合肥（80~100 克），施肥后应及时浇水，防止烧苗。

应用范围： 可用于构建防风固沙绿地、公园绿地等。

形态特征： 灌木或小乔木，高 2~4 米。羽状复叶长 12~18 厘米；小叶 5~7 对，近革质，宽椭圆形或近圆形，长 2.5~5 厘米，宽 2~3.5 厘米，先端圆形或微缺，基部圆形，稍偏斜，具光泽，背面密被灰白色短绒毛。总状花序，有时分枝成圆锥状，顶生，长 10~20 厘米；花冠淡黄色或近白色，旗瓣阔卵形，长 17 毫米，宽 10 毫米，边缘反卷，柄长约 3 毫米，翼瓣长椭圆形，与旗瓣等长，具钝圆形单耳，龙骨瓣与翼瓣相似，稍短，背部明显呈龙骨状互相盖叠。荚果为典型串珠状，长 7~10 厘米，径约 10 毫米，有多数种子；种子球形，褐色，具光泽。花期 8~10 月；果期 9~12 月。

地理分布： 广泛分布于世界热带海岸及岛屿上。我国分布于广东（沿海岛屿）、海南（西沙群

厚叶榕

Ficus microcarpa var. *crassifolia* (W. C. Shieh) J. C. Liao

桑科 Moraceae

榕属 *Ficus*

形态特征: 灌木或小乔木。树皮深灰色。叶薄革质，狭椭圆形，长 4~8 厘米，宽 3~4 厘米，先端钝尖，基部楔形，表面深绿色，干后深褐色，有光泽，全缘，基生叶脉延长，侧脉 3~10 对；叶柄长 5~10 毫米，无毛；托叶小，披针形，长约 8 毫米。榕果成对腋生或生于已落叶枝叶腋，成熟时黄或微红色，扁球形；雄花、雌花、瘿花同生于一榕果内；雄花无柄或具柄，散生内壁；雌花与瘿花相似，花被片 3，广卵形，花柱近侧生，柱头短，棒形。瘦果卵圆形。花期 5~6 月。

地理分布: 主要分布于我国台湾的花莲、恒春半岛及附近岛屿（兰屿）；广东、海南、福建等地有栽培。

生态与生境: 喜光，耐半阴，耐盐碱。生于海岸石灰岩环境。

繁殖及栽培管理: 扦插繁殖和种子播种。常规种植后浇足定根水，以后适时浇水，每次要浇透水（每株给水 2.5~3.0 千克），在旱季需要适当多浇水；种植 3 个月后追施一次复合肥（100 克），以后每半年追施一次氮磷钾缓释复合肥（150 克），施肥后应及时浇水，防止烧苗。

应用范围: 可用于构建公共绿地。

刺茉莉

Azima sarmentosa (Blume) Benth. et Hook. f.

刺茉莉科 Salvadoraceae

刺茉莉属 *Azima*

形态特征：直立或蔓性灌木，具攀缘或下垂的枝条，小枝无毛。托叶 2 枚，钻形，近宿存；具腋生刺，每一叶腋内 1~2 枚（每节常见有 4 个刺），长 0.2~1.6 厘米，劲直，锐尖。叶片纸质至薄革质，卵形、椭圆形、宽椭圆形、近圆形或倒卵形，长 2.5~8 厘米，宽 1~5 厘米，先端急尖，有时具小尖头，基部钝或圆，绿色，有光泽，中脉在两面突起，侧脉和小脉不很明显；叶柄长 0.5~1 厘米。圆锥花序或总状花序长 4~15 厘米；苞片长三角形，长 0.8~2.5 毫米，先端急尖，通常宿存。花小，雌雄异株或同株，同株时则常杂有少数两性花，淡绿色；雄花：花萼钟形，长 2~2.5 毫米，深裂，裂片钝，直立，花瓣长稍超过花萼，长圆形，全缘或先端稍具细锯齿，雄蕊较花冠长，花药长圆形，长 1.2~1.5 毫米，花梗无或近无；雌花：花萼长 1.2~1.5 毫米，花冠与雄花的相同，但较短，退化雄蕊比花瓣短，不育花药戟形，子房 2 室或为不完全的 4 室，花梗长 1~8 毫米；两性花与雌花相似，但具发育雄蕊。浆果球形，直径约 6 毫米，白色或绿色。种子 1~3 枚。花期 1~3 月。

地理分布：国外分布于印度、中南半岛、马来西亚及印度尼西亚。我国分布于海南三亚。

生态与生境：生长于疏林下或海岸边。喜阳光，抗风力强。

繁殖及栽培管理：种子繁殖或枝条扦插繁殖。常规种植后浇足定根水，以后适时浇水，每次要浇透水（每株给水 2.5~3.0 千克），在旱季需要适当多浇水；种植 3 个月后追施一次复合肥（约 50 克），以后每半年追施一次氮磷钾缓释复合肥（60~80 克），施肥后应及时浇水，防止烧苗。

应用范围：可用于防风固沙绿地和避鸟绿地。

马甲子
（白棘、铜钱树、棘盘子）

Paliurus ramosissimus (Lour.) Poir.

鼠李科 Rhamnaceae

马甲子属 *Paliurus*

形态特征：灌木，高可达 6 米。叶互生，纸质，卵状椭圆形或近圆形，边缘具钝细锯齿或细锯齿，基生三出脉；叶柄被毛，基部有 2 个紫红色斜向直立的针刺。腋生聚伞花序，被黄色绒毛；萼片宽卵形；花瓣匙形，短于萼片；雄蕊与花瓣等长或略长于花瓣；花盘圆形，边缘 5 或 10 齿裂。核果杯状，被黄褐色或棕褐色绒毛，周围具木栓质 3 浅裂的窄翅；种子紫红色或红褐色，扁圆形。花期 5~8 月；果期 9~10 月。

地理分布：分布于朝鲜、日本和越南。我国分布于江苏、浙江、安徽、江西、湖南、湖北、福建、台湾、广东、广西、云南、贵州、四川。

生态与生境：生于丘陵、平原和海滨沙地。

繁殖及栽培管理：种子繁殖及扦插繁殖。常规种植后浇足定根水，以后适时浇水，每次要浇透水（每株给水 2.5~3 千克），在旱季需要适当多浇水；种植 3 个月后追施一次复合肥（约 50 克），以后每半年追施一次氮磷钾缓释复合肥（80~100 克），施肥后应及时浇水，防止烧苗。

应用范围：可用于构建防风固沙绿地和避鸟绿地。

海人树

Suriana maritima L.

苦木科 Simaroubaceae

海人树属 *Suriana*

形态特征：灌木或小乔木，高 1~3 米；分枝密，小枝常有小瘤状的疤痕。叶聚生在小枝的顶部，稍带肉质，线状匙形，长 2.5~3.5 厘米，宽约 0.5 厘米，先端钝，基部渐狭，全缘。聚伞花序腋生，有花 2~4 朵；花瓣黄色，覆瓦状排列，倒卵状长圆形或圆形。果有毛，近球形，长约 3.5 毫米，具宿存花柱。花果期夏秋季。

地理分布：分布于印度、印度尼西亚、菲律宾和太平洋岛屿等地。我国分布于台湾和海南，产西沙群岛的永兴岛、石岛、东岛、中建岛、晋卿岛、琛航岛、广金岛、金银岛、银屿、西沙洲、赵述岛、北岛、南岛、中沙洲、南沙洲。

生态与生境：喜光，耐半阴，耐旱，耐盐碱土壤。生于海岛边缘的沙地或石缝中。

繁殖及栽培管理：种子繁殖及扦插繁殖。常规种植后浇足定根水，以后适时浇水，每次要浇透水（每株给水 1.5~2.5 千克），在旱季需要适当多浇水；种植 3 个月后追施一次复合肥（约 50 克），以后每半年追施一次氮磷钾缓释复合肥（80~100 克），施肥后应及时浇水，防止烧苗。

应用范围：可用于构建公园绿地和防风固沙绿地。

灰莉

Fagraea ceilanica Thunb.

马钱科 Loganiaceae

灰莉属 *Fagraea*

形态特征: 灌木或小乔木。叶片稍肉质,椭圆形、卵形、倒卵形或长圆形,长 5~25 厘米,宽 2~10 厘米,顶端渐尖、急尖或圆而有小尖头,基部楔形或宽楔形;叶面中脉扁平,叶背微凸起;叶柄长 1~5 厘米,基部具有由托叶形成的腋生鳞片。花单生或组成顶生二歧聚伞花序;花梗粗壮,长达 1 厘米,中部以上有 2 枚宽卵形的小苞片;花萼绿色,长 1.5~2 厘米,裂片卵形至圆形,长约 1 厘米,边缘膜质;花冠漏斗状,长约 5 厘米,白色,芳香,花冠管长 3~3.5 厘米,上部扩大,裂片张开,倒卵形,长 2.5~3 厘米,宽达 2 厘米,上部内侧有突起的花纹。浆果卵状或近圆球状,长 3~5 厘米,直径 2~4 厘米,顶端有尖喙;种子椭圆状肾形。花期 4~8 月;果期 7 月至翌年 3 月。

地理分布: 分布于印度、斯里兰卡、缅甸、泰国、老挝、越南、柬埔寨、印度尼西亚、菲律宾、马来西亚。我国分布于广东、广西、海南、台湾和云南南部。西沙群岛(永兴岛)有栽培。

生态与生境: 喜光又耐荫,耐旱,耐盐碱。生于山地密林中或石灰岩地区阔叶林中。

繁殖及栽培管理: 种子繁殖及扦插繁殖。常规种植后浇足定根水,以后适时浇水,每次要浇透水(每株给水 2.5~3.0 千克),在旱季需要适当多浇水;种植 3 个月后追施一次复合肥(约 50 克),以后每半年追施一次氮磷钾缓释复合肥(80~100 克),施肥后应及时浇水,防止烧苗。灰莉耐修剪,可整枝造型。

应用范围: 可孤植、片植、丛植,用于构建公共绿地。

长春花

Catharanthus roseus (L.) G. Don

夹竹桃科 Apocynaceae

长春花属 *Catharanthus*

形态特征：半灌木，略有分枝，高达 60 厘米；茎近方形，有条纹，灰绿色；节间长 1~3.5 厘米。叶膜质，倒卵状长圆形，长 3~4 厘米，宽 1.5~2.5 厘米，先端浑圆，有短尖头，基部广楔形至楔形，渐狭而成叶柄。聚伞花序腋生或顶生，有花 2~3 朵；花萼 5 深裂，萼片披针形或钻状渐尖，长约 3 毫米；花冠红色，高脚碟状，花冠筒圆筒状，长约 2.6 厘米，内面具疏柔毛，喉部紧缩，具刚毛；花冠裂片宽倒卵形，长和宽约 1.5 厘米；雄蕊着生于花冠筒的上半部，但花药隐藏于花喉之内，与柱头离生；胚珠多数。蓇葖双生；种子长圆状圆筒形，两端截形，具有颗粒状小瘤。花果期几乎全年。

地理分布：原产非洲东部，现广泛栽培于热带和亚热带地区。我国华南、华东、西南等地有栽培。

生态与生境：喜阳光，适应性强，萌芽力强，耐修剪。能适应于珊瑚沙环境生长。

繁殖及栽培管理：种子繁殖。果实成熟、颜色转黑后易裂开使种子散失，需及时采种。常规种植后浇足定根水，以后适时浇水，每次要浇透水（每株给水 1.0~2.0 千克），在旱季需要适当多浇水；种植 3 个月后追施一次复合肥（每株约 100 克），以后每半年追施一次氮磷钾缓释复合肥（每株约 100 克），施肥后应及时浇水，防止烧苗。

应用范围：可片植、丛植，用于构建公共绿地。不宜种植在风口。

43

夹竹桃
（欧洲夹竹桃、红花夹竹桃）

Nerium indicum Mill.

夹竹桃科 Apocynaceae

夹竹桃属 *Nerium*

红花夹竹桃

形态特征： 常绿灌木，高可达5米。叶3~4枚轮生，下枝为对生，窄披针形，顶端急尖，基部楔形，叶缘反卷，长11~15厘米，宽2~2.5厘米；叶柄内具腺体。聚伞花序顶生，着花数朵；花芳香；花冠深红色或粉红色，栽培演变有白色或黄色，花冠为单瓣呈5裂时，其花冠为漏斗状，长和直径约3厘米，其花冠筒圆筒形，上部扩大呈钟形，长1.6~2厘米，花冠筒内面被长柔毛，花冠喉部具5片宽鳞片状副花冠，每片其顶端撕裂，并伸出花冠喉部之外，花冠裂片倒卵形，顶端圆形，长1.5厘米，宽1厘米；花冠为重瓣呈15~18枚时，裂片组成三轮，内轮为漏斗状，外面二轮为辐状，分裂至基部或每2~3片基部连合，裂片长2~3.5厘米，宽约1~2厘米，每花冠裂片基部具长圆形而顶端撕裂的鳞片。蓇葖果；种子长圆形。花期几乎全年，夏秋最盛；栽培很少结果。

地理分布： 原产于伊朗、印度、尼泊尔；现广植于世界热带亚热带地区。我国南方常见栽培种。西沙群岛（永兴岛、石岛）有栽培。

生态与生境： 适应性强，萌芽力强，耐修剪。能适应于珊瑚沙环境生长。

繁殖及栽培管理： 插条、压条繁殖，极易成活。常规种植后浇足定根水，以后适时浇水，每次要浇透水（每株给水1.5~2.5千克），在旱季需要适当多浇水；种植3个月后追施一次复合肥（每株约100克），以后每半年追施一次氮磷钾缓释复合肥（每株约100克），施肥后应及时浇水，防止烧苗。夹竹桃耐修剪，可整枝造型。

应用范围： 可孤植、片植、丛植，用于构建公共绿地。叶、茎有毒，忌食用。

注：栽培的品种还有白花夹竹桃 Nerium oleander 'Paihua'，花白色，花期几乎全年。

粉花夹竹桃

白花夹竹桃

阔苞菊（格杂树、栾樨）

Pluchea indica (L.) Less.

菊科 Compositae

阔苞菊属 *Pluchea*

形态特征：灌木，高 2~3 米。下部叶倒卵形或阔倒卵形，长 5~7 厘米，宽 2.5~3 厘米，基部渐狭成楔形，顶端浑圆、钝或短尖，中部和上部叶倒卵形或倒卵状长圆形，长 2.5~4.5 厘米，宽 1~2 厘米，基部楔尖，顶端钝或浑圆，边缘有较密的细齿或锯齿。头状花序径 3~5 毫米，在茎枝顶端作伞房花序排列；总苞卵形或钟状，长约 6 毫米；总苞片 5~6 层，外层卵形或阔卵形，长 3~4 毫米，有缘毛，背面通常被短柔毛，内层狭，线形，长 4~5 毫米，顶端短尖，无毛或有时上半部疏被缘毛。雌花多层，花冠丝状，长约 4 毫米，檐部 3~4 齿裂。两性花较少或数朵，花冠管状，长 5~6 毫米，檐部扩大，顶端 5 浅裂，裂片三角状渐尖，背面有泡状或乳头状突起。瘦果圆柱形，有 4 棱。冠毛白色，宿存，约与花冠等长。

花期全年。

地理分布：国外分布于印度、缅甸、中南半岛、马来西亚、印度尼西亚及菲律宾。我国分布于广东、海南、台湾等地的沿海一带及岛屿上。

生态与生境：喜光，耐瘠薄，耐盐碱。生于海滨沙地或近潮水的空旷地。

繁殖及栽培管理：种子繁殖及扦插繁殖。常规种植后浇足定根水，以后适时浇水，每次要浇透水（每株给水 1.5~2.5 千克），在旱季需要适当多浇水；种植 3 个月后追施一次复合肥（每株约 100 克），以后每半年追施一次氮磷钾缓释复合肥（每株约 100 克），施肥后应及时浇水，防止烧苗。

应用范围：可用于构建防风固沙绿地和公园绿地。

西沙群岛草海桐群落

草海桐

Scaevola sericea Vahl

草海桐科 Goodeniaceae

草海桐属 *Scaevola*

形态特征：直立或铺散灌木，偶为小乔木，高可达 7 米，有时枝上生根。叶螺旋状排列，大部分集中于分枝顶端，颇像海桐花，无柄或具短柄，匙形至倒卵形，长 10~22 厘米，宽 4~8 厘米，基部楔形，顶端圆钝，平截或微凹，全缘，或边缘波状，稍肉质。聚伞花序腋生，长 1.5~3 厘米；花冠白色或淡黄色，长约 2 厘米，筒部细长，后方开裂至基部，外面于草，内面密被白色长毛，檐部开展，裂片中间厚，披针形，中部以上每边有宽而膜质的翅，翅常内叠，边缘疏生缘毛。核果卵球状，有两条径向沟槽，将果分为两片，每片有 4 条棱，2 室，每室有一颗种子。花果期 4~12 月。

地理分布：国外分布于琉球、东南亚、马达加斯加、大洋洲热带、密克罗尼西亚以及夏威夷。我国分布于广东、海南、广西、福建、台湾，产西沙群岛（永兴岛、石岛、东岛、中建岛、晋卿岛、琛航岛、广金岛、羚羊礁、金银岛、甘泉岛、珊瑚岛、银屿、西沙洲、赵述岛、北岛、中岛、南岛、北沙洲、中沙洲、南沙洲）、南沙群岛（太平岛）。

生态与生境：滨海常见植物，喜光，在湿润肥沃土壤生长良好，又耐旱，耐盐碱，耐瘠薄。生于海边，通常在开旷的海边沙地上或海岸峭壁上。

繁殖及栽培管理：播种或扦插繁殖。常规种植后浇足定根水，以后适时浇水，每次要浇透水（每株给水 1.5~2.0 千克），在旱季需要适当多浇水；种植 3 个月后追施一次复合肥（每平方米约 100 克），以后每半年追施一次氮磷钾缓释复合肥（每平方米约 100 克），施肥后应及时浇水，防止烧苗。

应用范围：可用于构建防风固沙绿地等。

银毛树

Tournefortia argentea L. f.

[*Messerschmidia argentea* (L. f.)Johnst.]

紫草科 Boraginaceae

紫丹属 *Tournefortia*

形态特征： 小乔木或灌木，高 1~5 米；小枝粗壮，密生锈色或白色柔毛。叶倒披针形或倒卵形，生小枝顶端，长 7~13 厘米，宽 2~4 厘米，先端钝或圆，自中部以下渐狭为叶柄，上下两面密生丝状黄白色毛。镰状聚伞花序顶生，呈伞房状排列，直径 5~10 厘米，密生锈色短柔毛；花萼肉质，无柄，长 1.5~2 毫米，5 深裂，裂片长圆形，倒卵形或近圆形，外面密生锈色短柔毛，内面仅基部被毛或近无毛，长约为花冠的 1/2；花冠白色，筒状，长 2.5~3 毫米，裂片卵圆形，开展，长约 2 毫米，比花筒长，外面仅中央具 1 列糙伏毛，其余无毛；雄蕊稍伸出；子房近球形，无毛，柱头 2 裂，基部为膨大的肉质环状物围绕。核果近球形。花果期 4~6 月。

地理分布： 国外分布于日本、越南及斯里兰卡。我国分布于海南、台湾，产西沙群岛（永兴岛、石岛、东岛、中建岛、晋卿岛、琛航岛、广金岛、羚羊礁、金银岛、甘泉岛、珊瑚岛、鸭公岛、银屿、西沙洲、赵述岛、北岛、中岛、南岛、北沙洲、中沙洲、南沙洲）。

生态与生境： 根系深广，耐干旱、抗风沙和耐盐碱。生于海边沙地。

繁殖及栽培管理： 种子繁殖及扦插繁殖。常规种植后浇足定根水，以后适时浇水，每次要浇透水（每株给水 1.5~2.5 千克），在旱季需要适当多浇水；种植 3 个月后追施一次复合肥（每株约 100 克），以后每半年追施一次氮磷钾缓释复合肥（每株约 100 克），施肥后应及时浇水，防止烧苗。

应用范围： 为热带海岸防风固沙的优良先锋树种，可用于构建防风固沙绿地等。

苦郎树（假茉莉、许树）

Clerodendrum inerme (L.) Gaertn.

马鞭草科 Verbenaceae

大青属 *Clerodendrum*

形态特征：攀缘状灌木，高可达 2 米。叶对生，薄革质，卵形、椭圆形或椭圆状披针形、卵状披针形，长 3~7 厘米，宽 1.5~4.5 厘米，顶端钝尖，基部楔形或宽楔形，全缘；叶柄长约 1 厘米；聚伞花序通常由 3 朵花组成，着生于叶腋或枝顶叶腋；花很香，花序梗长 2~4 厘米；苞片线形，长约 2 毫米，对生或近于对生；花萼钟状，外被细毛；花冠白色，顶端 5 裂，裂片长椭圆形，长约 7 毫米，花冠管长 2~3 厘米，内面密生绢状柔毛；雄蕊 4，花丝紫红色，细长，与花柱同伸出花冠。核果倒卵形。花果期 3~12 月。

地理分布：国外分布于日本、印度、缅甸、泰国、越南、马来西亚、澳大利亚、新西兰。我国分布于广东、海南、广西、江西、浙江、福建、台湾、江苏、安徽、山东、河北、辽宁，产西沙群岛（永兴岛、甘泉岛、珊瑚岛）。

生态与生境：耐旱力较强。喜高温，耐酷暑、耐旱、耐贫瘠和耐盐碱能力强。生于沙滩、海边及湖畔。珊瑚砂上生长良好。

繁殖及栽培管理：播种、扦插或分株繁殖（春、秋季较适）。常规种植后浇足定根水，以后适时浇水，每次要浇透水（每株给水 1.5~2.5 千克），在旱季需要适当多浇水；种植 3 个月后追施一次复合肥（每株约 100 克），以后每半年追施一次氮磷钾缓释复合肥（每株约 100 克），施肥后应及时浇水，防止烧苗。

应用范围：可用于构建防风固沙绿地、公共绿地等。

伞序臭黄荆

Premna serratifolia L.
[*Premna corymbosa* (Burm. f.) Roottl.et Willd.]

马鞭草科 Verbenaceae

豆腐柴属 *Premna*

防止烧苗。

应用范围：可用于构建防风固沙绿地和公园绿地。

形态特征：直立灌木至乔木，偶攀缘，高 3~8 米；枝条有椭圆形黄白色皮孔，幼枝密生柔毛，老后毛变稀疏。叶片纸质，长圆形至广卵形，全缘或微呈波状，两面仅沿脉有柔毛或近无毛；叶柄长 2~5 厘米，有细柔毛，正面通常有浅沟。聚伞花序在枝顶端组成伞房状；苞片披针形或线形，被细毛。花萼杯状，外面有细柔毛和黄色腺点，二唇形，上唇较长，有明显的 2 齿，下唇较短，近全缘或有不明显的 3 齿；花冠黄绿色，外面疏具腺点，微呈二唇形，子房无毛，顶端有腺点；花柱长 3.5~4 毫米。核果圆球形，直径约 4 毫米。花果期 4~10 月。

地理分布：分布于印度沿海地区、斯里兰卡、马来西亚、南太平洋诸岛。我国主要分布于广东、海南、广西、台湾，产西沙群岛（东岛）。

生态与生境：生于海岸树林中。

繁殖及栽培管理：种子繁殖及扦插繁殖。常规种植后浇足定根水，以后适时浇水，每次要浇透水（每株给水 1.5~2.5 千克），在旱季需要适当多浇水；种植 3 个月后追施一次复合肥（每株约 50 克），以后每半年追施一次氮磷钾缓释复合肥（每株约 60 克），施肥后应及时浇水，

单叶蔓荆

Vitex rotundifolia L. f.

[*Vitex trifolia var. simplicifolia* Cham.]

马鞭草科 Verbenaceae

牡荆属 *Vitex*

形态特征：匍匐性灌木（具地面匍匐茎），节处常生不定根。单叶对生，叶片倒卵形或近圆形，顶端通常钝圆或有短尖头，基部楔形，全缘，长 2.5~5 厘米，宽 1.5~3 厘米。圆锥花序顶生；花序梗密被灰白色绒毛；花冠淡紫色或蓝紫色，二唇形。核果近圆形，熟时黑色。花期 7~8 月；果期 8~10 月。

地理分布：广泛分布于日本、印度、东南亚至大洋洲北部。我国分布于广东、广西、海南（含西沙群岛）、福建、台湾。

生态与生境：喜光和高温，耐寒，耐旱，耐瘠薄，抗盐碱能力强；根系发达，在适宜的气候条件下生长极快，匍匐茎着地部分生须根，能很快覆盖地面。常生长于海边沙滩，在珊瑚沙上生长良好。

繁殖及栽培管理：播种、扦插或分株繁殖（春、秋季较合适）。常规种植后浇足定根水，以后适时浇水，每次要浇透水（每平方米给水 1.5~2.0 千克），在旱季需要适当多浇水；种植 3 个月后追施一次复合肥（约每平方米 100 克），以后每半年追施一次氮磷钾缓释复合肥（约每平方米 100 克），施肥后应及时浇水，防止烧苗。

应用范围：可用于构建防风固沙绿地、公共绿地等。

海南龙血树

Dracaena cambodiana Pierre ex Gagn.

百合科 Liliaceae

龙血树属 *Dracaena*

形态特征: 灌木至小乔木状,高可达4米或以上。茎不分枝或分枝,树皮带灰褐色,幼枝有密环状叶痕。叶聚生于茎、枝顶端,几乎互相套叠,剑形,薄革质,长达70厘米,宽1.5~3厘米,向基部略变窄而后扩大,抱茎,无柄。圆锥花序长在30厘米以上;花序轴无毛或近无毛;花每3~7朵簇生,绿白色或淡黄色;花梗长5~7毫米,关节位于上部1/3处;花被片长6~7毫米,下部约1/5~1/4合生成短筒;花柱稍短于子房。浆果直径约1厘米。花期7月。

地理分布: 国外分布于越南、柬埔寨。我国分布于海南,产西沙群岛(永兴岛)。

生态与生境: 生于林中或干燥沙壤土上。

繁殖及栽培管理: 种子繁殖及扦插繁殖。常规种植后浇足定根水,以后适时浇水,每次要浇透水(每株给水2.5~3.0千克),在旱季需要适当多浇水;种植3个月后追施一次复合肥(每株约50克),以后每半年追施一次氮磷钾缓释复合肥(每株约60克),施肥后应及时浇水,防止烧苗。

应用范围: 可用于构建公园绿地。药用,主治跌打损伤,有活血、止痛、止血、生肌、行气等功效。

露兜树（露兜簕、林投、野菠萝）

Pandanus tectorius Sol.

露兜树科 Pandanaceae

露兜树属 *Pandanus*

形态特征：常绿分枝灌木或小乔木，常左右扭曲，具多分枝或不分枝的气根。叶簇生于枝顶，三行紧密螺旋状排列，条形，长达80厘米，宽4厘米，先端渐狭成一长尾尖，叶缘和背面中脉均有粗壮的锐刺。雄花序由若干穗状花序组成，每一穗状花序长约5厘米；佛焰苞长披针形，长10~26厘米，宽1.5~4厘米，近白色，先端渐尖，边缘和背面隆起的中脉上具细锯齿；雄花芳香；雌花序头状，单生于枝顶，圆球形；佛焰苞多枚，乳白色，长15~30厘米，宽1.4~2.5厘米，边缘具疏密相间的细锯齿。聚花果大，向下悬垂，由40~80个核果束组成，圆球形或长圆形，长达17厘米，直径约15厘米，幼果绿色，成熟时橘红色。花期1~5月；果期4~8月。

地理分布：国外分布于亚洲热带、澳大利亚南部。我国分布于广东、海南、广西、福建、台湾、贵州和云南等省区，在西沙群岛的永兴岛、广金岛、甘泉岛、珊瑚岛、赵述岛较常见。

生态与生境：喜光，耐盐碱，也耐旱。生于海边沙地或引种作绿篱。

繁殖及栽培管理：种子繁殖或分株（蘖）繁殖。常规种植后浇足定根水，以后适时浇水，每次要浇透水（每株给水1.5~2.5千克），在旱季需要适当多浇水；种植3个月后追施一次复合肥（每株约50克），以后每半年追施一次氮磷钾缓释复合肥（每株约50克），施肥后应及时浇水，防止烧苗。

应用范围：可用于构建防风固沙绿地、公园绿地。嫩芽可食；根与果实入药，有治感冒发热、肾炎、水肿、腰腿痛、疝气痛等功效。

（三）草本

佛甲草
（佛指甲、铁指甲、狗牙菜、金钗插）

Sedum lineare Thunb.
景天科 Crassulaceae
景天属 *Sedum*

形态特征：多年生肉质草本，茎初生时直立，后下垂，有分枝，高度约 0.1~0.2m；3 叶轮生，少有 4 叶轮生或对生的，无柄，线状披针形，长 2.5cm，先端钝尖，基部无柄，有短距；阴处叶为绿色，日照充足时为黄绿色。聚伞花序顶生，疏生花，中心有一具短柄的花，另有 2~3 分枝，分枝常再 2 分枝，着生花无梗；萼片 5，线状披针形，不等长，不具距，有时有短距，先端钝；花瓣 5，黄色，披针形，先端急尖，基部稍狭；雄蕊 10，短于花瓣；鳞片 5，宽楔形至近四方形；蓇葖略叉开，花柱短；种子小。花期 4~5 月；果期 6~7 月。

地理分布：产我国广东、云南、四川、贵州、湖南、湖北、甘肃、陕西、河南、安徽、江苏、浙江、福建、台湾、江西。生于低山或平地草坡上。日本也有分布。

生态与生境：喜光照，部分种类耐阴，对土壤要求不严。自然界多数种类同时生长在岩石及石缝间。佛甲草适应性极强，可以生长在较薄的基质上，其耐干旱能力极强，耐寒力亦较强。有记录夏天屋顶温度高达 50~55℃、连续 120 天不下雨，该草也不会死亡。在冬季严寒期地上部茎叶枯萎，根处于休眠期，翌年土壤一解冻即可萌发新芽。

繁殖及栽培管理：以分株扦插繁殖为主，部分种类也可叶插，亦可播种繁殖。常规种植后浇足定根水，以后适时浇水，每次要浇透水（每平方米给水 2.5~3 千克），在旱季需要适当多浇水；种植 3 个月后追施一次复合肥（每平方米约 30 克），以后每半年追施一次氮磷钾缓释复合肥（每平方米约 40 克），施肥后应及时浇水，防止烧苗。

应用范围：可用于屋顶绿化，亦可作盆栽欣赏；全株可入药。

长梗星粟草
（簇花粟米草、假繁缕）

Glinus oppositifolius (L.) A. DC.

粟米草科 Molluginaceae

星粟草属 *Glinus*

形态特征：一年生铺散型草本。高 10~40 厘米，分枝多。叶 3~6 片假轮生或对生，叶片匙状倒披针形或椭圆形，顶端钝或急尖，基部狭长，边缘中部以上有疏离小齿。花通常 2~7 朵簇生，绿白色、淡黄色或乳白色；花梗纤细，长 5~14 毫米；花被片 5，长圆形，3 脉，边缘膜质；雄蕊 3~5 枚，花丝线形；花柱 3。蒴果椭圆形，种子栗褐色，近肾形。花果期几乎全年。

地理分布：分布于亚洲、非洲热带地区和澳大利亚北部。我国分布于海南、台湾南部。

生态与生境：生于海岸空旷沙地、河溪边及稻田边。

繁殖及栽培管理：种子繁殖或分株（蘖）繁殖。常规种植后浇足定根水，以后适时浇水，每次要浇透水（每平方米给水 2.5~3.0 千克），在旱季需要适当多浇水；种植 3 个月后追施一次复合肥（每平方米约 30 克），以后每半年追施一次氮磷钾缓释复合肥（每平方米约 40 克），施肥后应及时浇水，防止烧苗。

应用范围：可用于防风固沙绿地、公园绿地和屋顶绿化。

海马齿

Sesuvium portulacastrum (L.) L.

番杏科 Aizoaceae

海马齿属 *Sesuvium*

形态特征：多年生肉质草本。茎平卧或匍匐，绿色或红色，多分枝，常节上生根。叶片厚，肉质，线状倒披针形或线形，长 1.5~5 厘米，顶端钝，中部以下渐狭成短柄状，基部变宽，边缘膜质，抱茎。花小，单生叶腋；花被长 6~8 毫米，筒长约 2 毫米，裂片 5，卵状披针形，外面绿色，里面红色，边缘膜质，顶端急尖；雄蕊 15~40 枚。蒴果卵形，中部以下环裂；种子小，亮黑色，卵形，顶端凸起。花期 4~7 月。

地理分布：广布全球热带和亚热带滨海地区。我国主要分布于福建、台湾、广东、广西、海南，南沙群岛（太平岛），西沙群岛（永兴岛、石岛、东岛、中建岛、晋卿岛、琛航岛、广金岛、羚羊礁、金银岛、甘泉岛、珊瑚岛、银屿、石屿、赵述岛、南岛、中沙洲、南沙洲），东沙群岛（东

沙岛）。

生态与生境：耐干旱和盐碱。生于近海岸的沙地上和珊瑚石缝中。

繁殖及栽培管理：种子繁殖及扦插繁殖。常规种植后浇足定根水，以后适时浇水，每次要浇透水（每平方米给水 2.5~3.0 千克），在旱季需要适当多浇水；种植 3 个月后追施一次复合肥（每平方米约 30 克），以后每半年追施一次氮磷钾缓释复合肥（每平方米约 40 克），施肥后应及时浇水，防止烧苗。

应用范围：可用于有海水溅洒地段的绿化及构建防风固沙绿地。

大花马齿苋（半支莲、松叶牡丹、龙须牡丹、洋马齿苋、太阳花、午时花）

Portulaca grandiflora Hook.

马齿苋科 Portulacaceae

马齿苋属 *Portulaca*

形态特征：一年生草本，高 10~30 厘米。茎平卧或斜升，紫红色，多分枝，节上丛生毛。叶密集枝端，不规则互生，叶片细圆柱形，有时微弯，长 1~2.5 厘米，直径 2~3 毫米，顶端圆钝；叶柄极短或近无柄，叶腋常生一撮白色长柔毛。花单生或数朵簇生枝端，直径 2.5~4 厘米，日开夜闭；总苞 8~9 片，叶状，轮生，具白色长柔毛；萼片 2，淡黄绿色，卵状三角形，长 5~7 毫米，顶端急尖；花瓣 5 或重瓣，倒卵形，顶端微凹，长 12~30 毫米，红色、紫色或黄白色；雄蕊多数。蒴果近椭圆形，盖裂；种子细小，多数，圆肾形，直径不及 1 毫米，铅灰色、灰褐色或灰黑色，有珍珠光泽，表面有小瘤状凸起。花期 6~9 月；果期 8~11 月。

地理分布：原产巴西。我国的一些公园、花圃和西沙群岛一些岛屿有栽培。

生态与生境：生于空旷干沙地或海边沙地上。

繁殖及栽培管理：种子繁殖及扦插繁殖。常规种植后浇足定根水，以后适时浇水，每次要浇透水（每平方米给水 2.5~3.0 千克），在旱季需要适当多浇水；种植 3 个月后追施一次复合肥（每平方米约 30 克），以后每半年追施一次氮磷钾缓释复合肥（每平方米约 40 克），施肥后应及时浇水，防止烧苗。

应用范围：可用于构建防风固沙绿地、公园绿地或盆栽观赏。全草可供药用，有散瘀止痛、清热、解毒消肿功效，用于咽喉肿痛、烫伤、跌打损伤、疮疖肿毒。

马齿苋
（马苋、马齿草、马齿菜、酸菜、猪肥菜）

Portulaca oleracea L.
马齿苋科 Portulacaceae
马齿苋属 *Portulaca*

形态特征：一年生草本，全株无毛。茎平卧或斜倚，伏地铺散，多分枝，圆柱形，长 10~15 厘米。叶互生，或近对生，叶片扁平，肥厚，倒卵形，似马齿状，长 1~3 厘米，宽 0.6~1.5 厘米，顶端圆钝或平截，有时微凹，基部楔形，全缘；叶柄粗短。花常 3~5 朵簇生枝端，午时盛开；苞片 2~6，叶状，膜质，近轮生；萼片 2，对生，绿色，盔形，长约 4 毫米，顶端急尖，背部具龙骨状凸起，基部合生；花瓣 5，黄色，倒卵形，长 3~5 毫米，顶端微凹，基部合生；雄蕊通常 8，或更多，长约 12 毫米。蒴果卵球形；种子细小，多数，偏斜球形，黑褐色。花期 5~8 月；果期 6~9 月。

地理分布：广布全世界温带和热带地区。我国南北各地均有分布，在西沙群岛（永兴岛、石岛、东岛、中建岛、琛航岛、广金岛、金银岛、甘泉岛、珊瑚岛、银屿、石屿、赵述岛、北岛、南岛）较常见。

生态与生境：喜肥沃土壤，耐旱亦耐涝，生命力强。生于海岸沙地或旷地、菜园、农田、路旁。

繁殖及栽培管理：种子繁殖或扦插繁殖。常规种植后浇足定根水，以后适时浇水，每次要浇透水（每平方米给水 2.5~3.0 千克），在旱季需要适当多浇水；种植 3 个月后追施一次复合肥（每平方米约 30 克），以后每半年追施一次氮磷钾缓释复合肥（每平方米约 30 克），施肥后应及时浇水，防止烧苗。

应用范围：可用于构建防风固沙绿地、公园绿地和屋顶绿化。全草供药用，有清热利湿、解毒消肿、消炎、止渴、利尿作用；种子明目；嫩茎叶可作蔬菜。

毛马齿苋（多毛马齿苋）

Portulaca pilosa L.

马齿苋科 Portulacaceae

马齿苋属 *Portulaca*

形态特征： 一年生或多年生草本，高 5~20 厘米。茎密丛生，铺散，多分枝。叶互生，叶片近圆柱状线形或钻状狭披针形，长 1~2 厘米，宽 1~4 毫米，腋内有长疏柔毛，茎上部较密。花直径约 2 厘米，无梗，围以 6~9 片轮生叶，密生长柔毛；萼片长圆形，渐尖或急尖；花瓣 5，膜质，红紫色，宽倒卵形，顶端钝或微凹，基部合生；雄蕊 20~30，花丝洋红色。蒴果卵球形，蜡黄色，有光泽，盖裂；种子小，深褐黑色，有小瘤体。花、果期 5~8 月。

地理分布： 分布于菲律宾、马来西亚、印度尼西亚和美洲热带地区。我国分布于广东、海南、广西、福建、台湾、云南南部，产西沙群岛（永兴岛、石岛、东岛、琛航岛、广金岛、羚羊礁、金银岛、甘泉岛、珊瑚岛、南岛）。

生态与生境： 耐旱，喜阳光。多生于海边沙地及开阔地。

繁殖及栽培管理： 种子繁殖或扦插繁殖。常规种植后浇足定根水，以后适时浇水，每次要浇透水（每平方米给水 2.5~3.0 千克），在旱季需要适当多浇水；种植 3 个月后追施一次复合肥（每平方米约 30 克），以后每半年追施一次氮磷钾缓释复合肥（每平方米约 30 克），施肥后应及时浇水，防止烧苗。

应用范围： 可用于构建防风固沙绿地、公园绿地和屋顶绿化。全株供药用，可用作刀伤药。

四瓣马齿苋（四裂马齿苋）

Portulaca quadrifida L.

马齿苋科 Portulacaceae

马齿苋属 *Portulaca*

形态特征：一年生肉质草本。茎匍匐，节上生根。叶对生，叶片卵形、倒卵形或卵状椭圆形，顶端钝或急尖，向基部稍狭，腋间具开展的疏长柔毛。花小，单生枝端；萼片膜质，倒卵状长圆形，长 2.5~3 毫米，有脉纹；花瓣 4，黄色，长 3~6 毫米，长圆形或宽椭圆形，顶端圆，具短尖，基部合生；雄蕊 8~10 枚。蒴果黄色，球形，直径约 2.5 毫米，果皮膜质；种子小，黑色，近球形，侧扁，有小瘤体。花果期几全年。

地理分布：分布于亚洲和非洲热带地区。我国分布于广东、海南、台湾（琉球屿、台南），云南（元阳、元江）。产西沙群岛（永兴岛、石岛、琛航岛、广金岛、珊瑚岛、赵述岛），东沙群岛（东沙岛）。

生态与生境：生于空旷沙地、河谷田边、山坡草地、路旁阳处、水沟边。

繁殖及栽培管理：种子繁殖及扦插繁殖。常规种植后浇足定根水，以后适时浇水，每次要浇透水（每平方米给水 2.5~3.0 千克），在旱季需要适当多浇水；种植 3 个月后追施一次复合肥（每平方米约 30 克），以后每半年追施一次氮磷钾缓释复合肥（每平方米约 30 克），施肥后应及时浇水，防止烧苗。

应用范围：可用于构建防风固沙绿地。全株药用，有止痢杀菌之效，治肠炎、腹泻、内痔出血等症。

沙生马齿苋

Portulaca psammotropha Hance

马齿苋科 Portulacaceae

马齿苋属 *Portulaca*

形态特征：多年生、铺散草本，高5~10厘米。茎肉质，直径1~1.5毫米，基部分枝。叶互生，叶片扁平，稍肉质，倒卵形或线状匙形，基部渐狭成一扁平、淡黄色的短柄，叶腋有长柔毛。花小，无梗，黄色或淡黄色，单个顶生，围以4~6片轮生叶；萼片2，卵状三角形，长约2.5毫米，具纤细脉；花瓣椭圆形，与萼片等长；雄蕊25~30枚。蒴果宽卵形，有光泽；种子多数，黑色，圆肾形。花果期夏季。

地理分布：分布于我国海南，产西沙群岛（石岛、东岛、琛航岛、南沙洲）、东沙群岛（东沙岛）。

生态与生境：喜光，耐盐碱。生于海边沙地。

繁殖及栽培管理：种子繁殖及扦插繁殖。常规种植后浇足定根水，以后适时浇水，每次要浇透水（每平方米给水2.5~3.0千克），在旱季需要适当多浇水；种植3个月后追施一次复合肥（每平方米约30克），以后每半年追施一次氮磷钾缓释复合肥（每平方米约30克），施肥后应及时浇水，防止烧苗。

应用范围：可用于构建防风固沙绿地。

南方碱蓬

Suaeda australis (R. Br.) Moq.

藜科 Chenopodiaceae

碱蓬属 *Suaeda*

形态特征：小灌木，高 20~50 厘米。茎多分枝，下部常生有不定根。叶条形，半圆柱状，长 1~2.5 厘米，宽 2~3 毫米，粉绿色或带紫红色，先端急尖或钝，基部渐狭，具关节，劲直或微弯，通常斜伸，枝上部的叶（苞）较短，狭卵形至椭圆形。团伞花序含 1~5 花，腋生；花两性；花绿色或带紫红色。胞果扁，圆形。种子双凸镜状，直径约 1 毫米，黑褐色，有光泽，表面有微点纹。花果期 7~11 月。

地理分布：分布于大洋洲及日本南部。我国分布于广东、海南、广西、福建、台湾、江苏。

生态与生境：生于海滩沙地、红树林边缘等处，耐盐碱，常成片群生。

繁殖及栽培管理：种子繁殖及扦插繁殖。常规种植后浇足定根水，以后适时浇水，每次要浇透水（每平方米给水 2.5~3.0 千克），在旱季需要适当多浇水；种植 3 个月后追施一次复合肥（每平方米约 30 克），以后每半年追施一次氮磷钾缓释复合肥（每平方米约 30 克），施肥后应及时浇水，防止烧苗。

应用范围：可用于构建防风固沙绿地以及公园绿地。

大花蒺藜

Tribulus cistoides L.

蒺藜科 Zygophyllaceae

蒺藜属 *Tribulus*

泉岛、珊瑚岛、赵述岛、南岛)

生态与生境：生于滨海沙滩、滨海疏林及干热河谷。

繁殖及栽培管理：种子繁殖及扦插繁殖。常规种植后浇足定根水，以后适时浇水，每次要浇透水（每平方米给水 2.5~3.0 千克），在旱季需要适当多浇水；种植 3 个月后追施一次复合肥（每平方米约 30 克），以后每半年追施一次氮磷钾缓释复合肥（每平方米约 40 克），施肥后应及时浇水，防止烧苗。

应用范围：可用于构建防风固沙绿地。

形态特征：多年生草本。枝平卧地面或上升，长 30~60 厘米，密被柔毛；老枝有节，具纵裂沟槽。托叶对生，长 2.5~4.5 厘米；小叶 4~7 对，近无柄，矩圆形或倒卵状矩圆形，长 6~15 毫米，宽 3~6 毫米，先端圆钝或锐尖，基部偏斜，表面疏被柔毛，背面密被长柔毛。花单生于叶腋，直径约 3 厘米；花梗与叶近等长；萼片披针形，长约 8 毫米，表面被长柔毛；花瓣倒卵状矩圆形，长约 20 毫米。果直径约 1 厘米，分果瓣长 8~12 毫米，有小瘤体和锐刺 2~4 枚。花期 5~6 月。

地理分布：广布于热带地区。我国分布于海南陵水、东方、三沙市，云南元江，产西沙群岛（永兴岛、石岛、琛航岛、金银岛、甘

西沙黄细心
（直立黄细心）

Boerhavia erecta L.
紫茉莉科 Nyctaginaceae
黄细心属 *Boerhavia*

形态特征：草本，高 20~80 厘米。叶片卵形、长圆形或披针形，长 1.5~3.5 厘米，宽 1~2.5 厘米，顶端急尖，基部圆形或楔形，背面灰白色，具下陷的红色腺体；叶柄长 1.5~4 厘米。聚伞圆锥花序紧密，花序梗长 1.5~2 厘米；花梗长 0.5~5 毫米，有 1~2 枚披针形小苞片；花被管状或钟状，有 5 条不明显的棱，中部缢缩，上部长 1.5~2 毫米，白色、红色或粉红色；雄蕊 2~3，稍伸出花被。果实倒圆锥形。花果期夏季。

地理分布：国外分布于新加坡、马来西亚、印度尼西亚、太平洋岛屿。我国分布于海南西沙群岛（永兴岛、石岛、东岛、琛航岛、羚羊礁、金银岛、甘泉岛、珊瑚岛、鸭公岛、北岛、北沙洲、中沙洲、南沙洲）。

生态与生境：喜光，耐旱。生于空旷沙地上。

繁殖及栽培管理：扦插繁殖。常规种植后浇足定根水，以后适时浇水，每次要浇透水（每平方米给水 2.5~3.0 千克），在旱季需要适当多浇水；种植 3 个月后追施一次复合肥（每平方米约 30 克），以后每半年追施一次氮磷钾缓释复合肥（每平方米约 30 克），施肥后应及时浇水，防止烧苗。

应用范围：可用于构建防护林、防风固沙绿地以及公共绿地。

黄细心

Boerhavia diffusa L.
紫茉莉科 Nyctaginaceae
黄细心属 *Boerhavia*

形态特征： 多年生蔓性草本，长可达2米。根肥粗，肉质。茎无毛或被疏短柔毛。叶片卵形，长1~5厘米，宽1~4厘米，顶端钝或急尖，基部圆形或楔形，边缘微波状，两面被疏柔毛，背面灰黄色，干时有皱纹；叶柄长4~20毫米。头状聚伞圆锥花序顶生；花序梗纤细，被疏柔毛；花梗短或近无梗；苞片小，披针形，被柔毛；花被淡红色或亮紫色，长2.5~3毫米，花被筒上部钟形，长1.5~2毫米，薄而微透明，被疏柔毛，具5肋，顶端皱褶，浅5裂，下部倒卵形，长1~1.2毫米，具5肋，被疏柔毛及黏腺；雄蕊1~3，花丝细长；子房倒卵形，花柱细长，柱头浅帽状。果实棍棒状。花果期夏秋间。

地理分布： 国外分布于琉球群岛、菲律宾、印度尼西亚、马来西亚、越南、柬埔寨、印度、澳大利亚、太平洋岛屿及美洲、非洲。我国分布于广东、海南、广西、福建（厦门）、台湾（南部）、四川、贵州、云南，产西沙群岛（永兴岛、石岛、东岛、琛航岛、羚羊礁、金银岛、甘泉岛、珊瑚岛、鸭公岛、北岛、北沙洲、中沙洲、南沙洲）。

生态与生境： 喜光，耐旱。生于空旷沙地上。

繁殖及栽培管理： 扦插繁殖。常规种植后浇足定根水，以后适时浇水，每次要浇透水（每平方米给水2.5~3.0千克），在旱季需要适当多浇水；种植3个月后追施一次复合肥（每平方米约30克），以后每半年追施一次氮磷钾缓释复合肥（每平方米约30克），施肥后应及时浇水，防止烧苗。

应用范围： 可用于构建防风固沙绿地以及公共绿地。根烤熟可食，有甜味，甚滋补；叶有利尿、催吐、祛痰之效，可治气喘、黄疸病。

铺地刺蒴麻

Triumfetta procumbens Forst. f.

椴树科 Tiliaceae

刺蒴麻属 *Triumfetta*

形态特征：木质草本，茎匍匐；嫩枝被黄褐色星状短茸毛。叶厚纸质，卵圆形，有时3浅裂，长 2~4.5 厘米，宽 1.5~4 厘米，先端圆钝，基部心形，正面有星状短绒毛，背面被黄褐色厚茸毛，基出脉 5~7 条，边缘有钝齿；叶柄长 1~5 厘米，被短茸毛。聚伞花序腋生，花序柄长约 1 厘米；花柄长 2~3 毫米。果实球形，直径 1.5 厘米，干后不开裂；针刺长 3~4 毫米，有时更长些，粗壮，先端弯曲，有柔毛；果 4 室，每室有种子 1~2 颗。果期 5~9 月。

地理分布：国外分布于澳大利亚及西南太平洋各岛屿有分布。我国分布于西沙群岛（永兴岛、石岛、东岛、中建岛、晋卿岛、琛航岛、广金岛、羚羊礁、金银岛、甘泉岛、珊瑚岛、银屿、赵述岛、北岛、中岛、南岛、北沙洲、中沙洲、南沙洲）、南沙群岛（太平岛）、东沙群岛（东沙岛）。

生态与生境：根系发达，有固沙作用。多生长于滨海沙滩上。

繁殖及栽培管理：种子繁殖。常规种植后浇足定根水，以后适时浇水，每次要浇透水（每平方米给水 2.5~3.0 千克），在旱季需要适当多浇水；种植 3 个月后追施一次复合肥（每平方米约 30 克），以后每半年追施一次氮磷钾缓释复合肥（每平方米约 30 克），施肥后应及时浇水，防止烧苗。

应用范围：可用于构建防风固沙绿地、屋顶绿化。

磨盘草（磨子树、石磨子、磨挡草、耳响草）

Abutilon indicum (L.) Sweet

锦葵科 Malvaceae

苘麻属 *Abutilon*

形态特征：一年生或多年生直立亚灌木状草本，高达 1~2.5 米，分枝多。叶卵圆形或近圆形，边缘具不规则锯齿，两面均密被灰色星状柔毛；叶柄长 2~4 厘米，被灰色短柔毛和疏丝状长毛；托叶钻形。花单生于叶腋，花梗长达 4 厘米，近顶端具节，被灰色星状柔毛；花萼盘状，绿色，密被灰色柔毛，裂片 5，宽卵形，先端短尖；花黄色，花瓣 5；雄蕊柱被星状硬毛。果为倒圆形，似磨盘，黑色，分果爿 15~20，具短芒，被星状长硬毛；种子肾形，被星状疏柔毛。花期 7~10 月。

地理分布：分布于热带、亚热带地区。我国分布于广东、海南、广西、福建、台湾，见于西沙群岛（永兴岛、石岛、东岛、琛航岛、金银岛、珊瑚岛）和东沙群岛（东沙岛）。

生态与生境：喜温暖湿润和阳光充足的气候，不耐寒，一般土壤均能生长，较耐旱。常见于滨海沙地，珊瑚礁沙地、旷野。

繁殖及栽培管理：种子繁殖及扦插繁殖。常规种植后浇足定根水，以后适时浇水，每次要浇透水（每平方米给水 2.5~3.0 千克），在旱季需要适当多浇水；种植 3 个月后追施一次复合肥（每平方米约 30 克），以后每半年追施一次氮磷钾缓释复合肥（每平方米约 30 克），施肥后应及时浇水，防止烧苗。

应用范围：可用于构建防风固沙绿地。全株供药用，有散风、清血热、开窍、活血之功，为治疗耳聋的良药。

泡果苘

Herissantia crispa (L.) Brizicky
[*Abutilon crispum* (L.) Medicus]

锦葵科 Malvaceae

泡果苘属 *Herissantia*

金银岛、珊瑚岛）。

生态与生境：常见于滨海沙地，珊瑚礁沙地。

繁殖及栽培管理：种子繁殖。常规种植后浇足定根水，以后适时浇水，每次要浇透水（每平方米给水 2.5~3.0 千克），在旱季需要适当多浇水；种植 3 个月后追施一次复合肥（每平方米约 30 克），以后每半年追施一次氮磷钾缓释复合肥（每平方米约 30 克），施肥后应及时浇水，防止烧苗。

应用范围：可用于构建防风固沙绿地。

形态特征：多年生草本，高达 1 米，有时平卧地面，枝被白色长毛和星状细柔毛。叶心形，长 2~7 厘米，先端渐尖，边缘具圆锯齿，两面均被星状长柔毛；叶柄被星状长柔毛；托叶线形，被柔毛。花黄色，花梗丝形，长 2~4 厘米，被长柔毛，近端处具节而膝曲；花萼碟状，长 4~5 毫米，密被星状细柔毛和长柔毛，裂片 5，卵形，先端渐尖头；花冠直径约 1 厘米，花瓣倒卵形。蒴果球形，膨胀呈灯笼状，疏被长柔毛，熟时室背开裂，果瓣脱落；种子肾形，黑色。花期全年。

地理分布：原产美洲热带和亚热带地区，现广布于越南、印度、澳大利亚等地。我国分布于海南岛东南部和西沙群岛（永兴岛、石岛、

黄花稔

Sida acuta Burm. f.

锦葵科 Malvaceae

黄花稔属 *Sida*

形态特征：直立亚灌木状草本，高 1~2 米；分枝多，小枝被柔毛至近无毛。叶披针形，长 2~5 厘米，宽 4~10 毫米，先端短尖或渐尖，基部圆或钝，具锯齿，两面均无毛或疏被星状柔毛，正面偶被单毛；叶柄长 4~6 毫米，疏被柔毛；托叶线形，与叶柄近等长，常宿存。花单朵或成对生于叶腋，花梗长 4~12 毫米，被柔毛，中部具节；萼浅杯状，无毛，长约 6 毫米，下半部合生，裂片 5，尾状渐尖；花黄色，直径 8~10 毫米，花瓣倒卵形，先端圆，基部狭长 6~7 毫米，被纤毛；雄蕊柱长约 4 毫米，疏被硬毛。蒴果近圆球形，分果爿 4~9，但通常为 5~6，长约 3.5 毫米，顶端具 2 短芒，果皮具网状皱纹。花期冬春季。

地理分布：原产印度，分布于越南和老挝。我国分布于广东、海南、广西、福建、台湾和云南，在西沙群岛的东岛等较常见。

生态与生境：耐旱、耐瘠薄的土壤。常生于山坡灌丛间、路旁或荒坡。

繁殖及栽培管理：播种繁殖。常规种植后浇足定根水，以后适时浇水，每次要浇透水（每平方米给水 2.5~3.0 千克），在旱季需要适当多浇水；种植 3 个月后追施一次复合肥（每平方米约 30 克），以后每半年追施一次氮磷钾缓释复合肥（每平方米约 30 克），施肥后应及时浇水，防止烧苗。

应用范围：可用于构建防风固沙绿地和公共绿地。

圆叶黄花稔

Sida alnifolia var. *orbiculata* S. Y. Hu

锦葵科 Malvaceae

黄花稔属 *Sida*

形态特征： 直立亚灌木或灌木，高 1~2 米。叶圆形，直径 5~13 毫米，具圆齿，两面被星状长硬毛，叶柄长约 5 毫米，密被星状疏柔毛；托叶钻形，长约 2 毫米。花单生，花梗长约 3 厘米，花萼被星状绒毛，裂片顶端被纤毛，雄蕊柱被长硬毛。花黄色，直径约 1 厘米，花瓣倒卵形，长约 1 厘米。果近球形，分果爿 6~8，长约 3 毫米，具 2 芒，被长柔毛。花期 7~12 月。

地理分布： 我国分布于广东、海南、台湾，产西沙群岛（永兴岛、石岛、东岛、晋卿岛、琛航岛、广金岛、金银岛、甘泉岛、珊瑚岛、鸭公岛、赵述岛、北岛、中沙洲、南沙洲）。

生态与生境： 耐旱、耐瘠薄的土壤。常生于海边和海岸向阳处。

繁殖及栽培管理： 播种繁殖。常规种植后浇足定根水，以后适时浇水，每次要浇透水（每平方米给水 2.5~3.0 千克），在旱季需要适当多浇水；种植 3 个月后追施一次复合肥（每平方米约 30 克），以后每半年追施一次氮磷钾缓释复合肥（每平方米约 40 克），施肥后应及时浇水，防止烧苗。

应用范围： 可用于构建防风固沙绿地。

心叶黄花稔

Sida cordifolia L.

锦葵科 Malvaceae

黄花稔属 *Sida*

形态特征: 直立亚灌木,高约1米。叶卵形,边缘具钝齿,两面均密被星状柔毛,背面脉上混生长柔毛;叶柄长1~2.5厘米,密被星状柔毛和混生长柔毛;托叶线形,密被星状柔毛。花单生或簇生于叶腋或枝端,花梗长5~15毫米,密被星状柔毛和混生长柔毛,上端具节;萼杯状,裂片5,三角形,密被星状柔毛并混生长柔毛;花黄色,花瓣长圆形。蒴果直径6~8毫米,分果爿10,顶端具2长芒,芒长3~4毫米,突出于萼外,被倒生刚毛;种子长卵形,顶端具短毛。花期全年。

地理分布: 分布于亚洲和非洲热带和亚热带地区。我国分布于台湾、福建、广东、广西、云南、海南,产于西沙群岛(永兴岛、中建岛、金银岛)。

生态与生境: 生长于珊瑚礁沙地上。

繁殖及栽培管理: 种子繁殖。常规种植后浇足定根水,以后适时浇水,每次要浇透水(每平方米给水2.5~3.0千克),在旱季需要适当多浇水;种植3个月后追施一次复合肥(每平方米约30克),以后每半年追施一次氮磷钾缓释复合肥(每平方米约30克),施肥后应及时浇水,防止烧苗。

应用范围: 可用于构建防风固沙绿地和公园绿地。

海滨大戟（滨大戟）

Euphorbia atoto Forst. f.

大戟科 Euphorbiaceae

大戟属 *Euphorbia*

形态特征： 多年生亚灌木状草本。高 10~40 厘米，根茎粗壮，茎基部木质化，向上斜展或近匍匐，多分枝，每个分枝向上常呈二歧分枝，茎节膨大而明显。叶对生，长椭圆形或卵状长椭圆形，近于薄革质，先端钝圆，中间常具极短的小尖头，基部偏斜，近圆形，全缘。花序单生于多歧聚伞状分枝的顶端；总苞杯状，边缘 5 裂，裂片三角状卵形；雄花数枚，略伸出总苞外；雌花 1 枚，明显伸出总苞外。蒴果三棱状，成熟时分裂为 3 个分果爿。种子球状，淡黄色。花果期 6~11 月。

地理分布： 分布于中南半岛、马来西亚、日本、印度尼西亚及太平洋诸岛屿，我国主要分布于广东南部沿海、福建、海南、台湾、南沙群岛（太平岛）、西沙群岛（永兴岛、石岛、中建岛、晋卿岛、琛航岛、广金岛、羚羊礁、金银岛、甘泉岛、珊瑚岛、银屿、赵述岛、北岛、中岛、南岛、中沙洲、南沙洲）、东沙群岛（东沙岛）。

生态与生境： 喜光，耐旱，耐盐碱。多生于海岸沙地。

繁殖及栽培管理： 种子繁殖及扦插繁殖。常规种植后浇足定根水，以后适时浇水，每次要浇透水（每平方米给水 2.5~3.0 千克），在旱季需要适当多浇水；种植 3 个月后追施一次复合肥（每平方米约 30 克），以后每半年追施一次氮磷钾缓释复合肥（每平方米约 30 克），施肥后应及时浇水，防止烧苗。

应用范围： 可用于构建公园绿地、屋顶绿化。

链荚豆（小豆、水咸草）

Alysicarpus vaginalis (L.) DC.

蝶形花科 Papilionaceae

链荚豆属 *Alysicarpus*

形态特征：多年生草本，簇生或基部多分枝；茎平卧或上部直立，高 30~90 厘米。叶仅有单小叶；托叶线状披针形，干膜质，具条纹，无毛，与叶柄等距或稍长；叶柄长 5~14 毫米，无毛；小叶形状及大小变化很大，茎上部小叶通常为卵状长圆形、长圆状披针形至线状披针形，长 3~6.5 厘米，宽 1~2 厘米，下部小叶为心形、近圆形或卵形，长 1~3 厘米，宽约 1 厘米，全缘。总状花序腋生或顶生，长 1.5~7 厘米，有花 6~12 朵，成对排列于节上；花冠紫蓝色，略伸出于萼外，旗瓣宽，倒卵形。荚果扁圆柱形。花期 9 月；果期 9~11 月。

地理分布：广布于东半球热带地区。我国分布于广东、海南、广西、福建、台湾和云南等地，多见于西沙群岛（永兴岛、石岛、东岛、

琛航岛、珊瑚岛）、南沙群岛（太平岛）、东沙群岛。

生态与生境：喜潮湿也耐干旱气候。多生于空旷草坡或海边沙地。在沙壤土、珊瑚礁沙地上生长良好。

繁殖及栽培管理：种子繁殖及扦插繁殖。常规种植后浇足定根水，以后适时浇水，每次要浇透水（每平方米给水 2.5~3.0 千克），在旱季需要适当多浇水；种植 3 个月后追施一次复合肥（每平方米约 30 克），以后每半年追施一次氮磷钾缓释复合肥（每平方米约 30 克），施肥后应及时浇水，防止烧苗。

应用范围：用于构建防风固沙绿地。全草入药，治刀伤、骨折。

滨海木蓝（海岛木蓝、滨木蓝）

Indigofera litoralis Chun et T. Chen

蝶形花科 Papilionaceae

木蓝属 *Indigofera*

形态特征：多年生披散草本，或为匍匐状。茎基部木质，枝方形。羽状复叶长 1.5~3 厘米；叶柄长 1.5~3 毫米；托叶膜质，线状披针形，长 3~4 毫米，渐尖，基部扩大；小叶 1~3 对，互生，线形，长 7~20 毫米，宽 1.5~3 毫米，先端渐尖或近急尖，基部楔形，两面有平贴丁字毛。总状花序长 2~3 厘米，花小，密集；总花梗长 5~8 毫米；花梗长不及 1 毫米；花萼钟状，长 2~3 毫米，外面有丁字毛，萼筒长约 1 毫米，萼齿线状钻形，长 1.5~2.5 毫米；花冠伸出萼外，红色，长约 5 毫米，旗瓣倒卵形，先端圆钝，瓣柄短，外面中部以上被丁字毛，翼瓣倒卵状长圆形，龙骨瓣镰形，有短瓣柄。荚果劲直，四棱，下垂，线形，长约 2 厘米，背腹缝有隆起的脊，在种子间有隔膜，有种子 7~10 粒；种子赤褐色，长方形，两端截平。花期 8~9 月；果期 10 月。

地理分布：分布于我国海南。

生态与生境：喜光，耐旱，耐瘠薄。常生长于滨海沙地上或旷野草丛中。

繁殖方式：种子繁殖或扦插繁殖。常规种植后浇足定根水，以后适时浇水，每次要浇透水（每平方米给水 2.5~3.0 千克），在旱季需要适当多浇水；种植 3 个月后追施一次复合肥（每平方米约 30 克），以后每半年追施一次氮磷钾缓释复合肥（每平方米约 40 克），施肥后应及时浇水，防止烧苗。

应用范围：可用于构建公园绿地、特殊功能建筑绿化。

疏花木蓝（陈氏木蓝）

Indigofera colutea (Burm. f.) Merr.
[*Indigofera chuniana* Metc.]

蝶形花科 Papilionaceae

木蓝属 *Indigofera*

岛（永兴岛、石岛、琛航岛、珊瑚岛）。

生态与生境：喜光，耐旱，耐瘠薄土壤。生于海边沙地上。

繁殖及栽培管理：种子繁殖。常规种植后浇足定根水，以后适时浇水，每次要浇透水（每平方米给水 2.5~3.0 千克），在旱季需要适当多浇水；种植 3 个月后追施一次复合肥（每平方米约 30 克），以后每半年追施一次氮磷钾缓释复合肥（每平方米约 40 克），施肥后应及时浇水，防止烧苗。

应用范围：可用于构建防风固沙绿地、公园绿地。

形态特征：亚灌木状草本；多分枝。茎平卧或近直立，基部木质化，与分枝均被灰白色柔毛和具柄头状腺毛。羽状复叶；叶柄与叶轴均被腺毛；托叶线状钻形，小叶 3~5 对，对生，椭圆形。总状花序腋生，有 5~10 朵疏离的花；苞片线形；花梗极短；花萼密被白色丁字毛，萼齿线形，远较萼筒长，基部被毛；花冠红色，旗瓣倒卵形，外面被毛，翼瓣线状长圆形，均具极短瓣柄，龙骨瓣中部以下渐狭。荚果圆柱形，顶端有凸尖，被腺毛和开展丁字毛，有种子 9~12 粒，内果皮有紫红色斑点；种子方形。花期 6~8 月；果期 8~12 月。

地理分布：在我国主要分布于海南、西沙群

刺荚木蓝（刺果木蓝）

Indigofera nummularifolia (L.) Livera ex Alston

蝶形花科 Papilionaceae

木蓝属 *Indigofera*

形态特征：多年生草本，高 15~30 厘米。茎平卧，基部分枝，分枝平展，长达 40 厘米；幼枝有毛，后变无毛。单叶互生，倒卵形或近圆形，边缘有密毛；托叶三角形，宿存；总状花序，有花 5~10 朵；花冠深红色，旗瓣倒卵形，外面密生丁字毛，翼瓣基部具耳状附属物，龙骨瓣长约 4 毫米。荚果镰形，侧向压扁，顶端有宿存花柱所成的尖喙，腹缝微弯，背缝极弯拱，沿弯拱部位有数行钩刺，有种子 1 粒；种子亮褐色，肾状长圆形。花期 10 月；果期 10~11 月。

地理分布：分布于斯里兰卡、中南半岛、马来半岛及西非热带地区，在我国主要分布于台湾、海南、西沙群岛（永兴岛）。

生态与生境：喜光，耐旱，耐瘠薄土壤。生于海滨沙土或稍干燥的旷野中。

繁殖方式：种子繁殖。常规种植后浇足定根水，以后适时浇水，每次要浇透水（每平方米给水 2.5~3.0 千克），在旱季需要适当多浇水；种植 3 个月后追施一次复合肥（每平方米约 30 克），以后每半年追施一次氮磷钾缓释复合肥（每平方米约 40 克），施肥后应及时浇水，防止烧苗。

应用范围：可用于构建防风固沙绿地、公园绿地、特殊功能建筑绿化。

光萼猪屎豆
（光萼野百合、南美猪屎豆）

Crotalaria zanzibarica Benth.

蝶形花科 Papilionaceae

猪屎豆属 *Crotalaria*

形态特征：草本或亚灌木，高达 2 米；茎枝圆柱形，具小沟纹，被短柔毛。托叶极细小，钻状，长约 1 毫米；叶三出，叶柄长 3~5 厘米，小叶长椭圆形，两端渐尖，长 6~10 厘米，宽 1~2 厘米，先端具短尖，正面绿色，光滑无毛，背面青灰色，被短柔毛；小叶柄长约 2 毫米。总状花序顶生，有花 10~20 朵，花序长达 20 厘米；苞片线形，长 2~3 毫米，小苞片与苞片同形，稍短小，生于花梗中部以上；花梗长 3~6 毫米，在花蕾时挺直向上，开花时屈曲向下，结果时下垂；花萼近钟形，长 4~5 毫米，五裂，萼齿三角形，约与萼筒等长，无毛；花冠黄色，伸出萼外，旗瓣圆形，直径约 12 毫米，基部具胼胝体二枚，先端具芒尖，翼瓣长圆形，约与旗瓣等长，龙骨瓣最长，约 15 毫米，稍弯曲，中部以上变狭，形成长喙，基部边缘具微柔毛；子房无柄。荚果长圆柱形，长 3~4 厘米，幼时被毛，成熟后脱落，果皮常呈黑色，基部残存宿存花丝及花萼；种子 20~30 颗，肾形，成熟时朱红色。花果期 4~12 月间。

地理分布：原产南美洲。现栽培或逸生于我国福建、台湾、湖南、广东、海南、广西、四川、云南等地。分布到非洲、亚洲、大洋洲、美洲热带、亚热带地区。本种模式标本采自坦桑尼亚的桑给巴尔。

生态与生境：耐旱、耐盐碱。生田园路边、荒山草地以及海边沙地。

繁殖及栽培管理：种子繁殖。常规种植后淋足定根水，以后适时浇水，每次要浇透水，每次每平方米给水 2.5~3.0 千克。种植完 3 个月追施一次复合肥（每平方米 60 克），以后每半年追施一次氮磷钾缓释复合肥（每平方米 60~80 克），施肥后及时浇水，防止烧苗。

应用范围：含有丰富的氮、磷、钾，是很好的绿肥植物。可用于防风固沙绿地、公共绿地绿化。可供药用，有清热解毒、散结祛瘀等效用，外用治疮痛、跌打损伤等症。

球果猪屎豆（钩状猪屎豆）

Crotalaria uncinella Lamk.

蝶形花科 Papilionaceae

猪屎豆属 *Crotalaria*

形态特征：草本或亚灌木，高达 1 米，有时匍匐生长；茎枝圆柱形，幼时被毛，后渐无毛。托叶卵状三角形，长 1~1.5 毫米；叶三出，柄长 1~2 厘米；小叶椭圆形，长 1~2 厘米，宽 1~1.5 厘米，先端钝，具短尖头或有时凹，基部略楔形，两面叶脉清晰，中脉在背面凸尖，正面秃净无毛，背面被短柔毛，顶生小叶较侧生小叶大；小叶柄长约 1 毫米。总状花序顶生，腋生或与叶对生，有花 10~30 朵；苞片极小，卵状三角形，长约 1 毫米，小苞片与苞片相似，生萼筒基部；花梗长 2~3 毫米；花萼近钟形，长 3~4 毫米，五裂，萼齿阔披针形，约与萼筒等长，密被短柔毛；花冠黄色，伸出萼外，旗瓣圆形或椭圆形，长约 5 毫米，翼瓣长圆形，约与旗瓣等长，龙骨瓣长于旗瓣，弯曲，具长喙，扭转；子房无柄，荚果卵球形，长约

5 毫米，被短柔毛；种子 2 颗，成熟后朱红色。花果期 8~12 月间。

地理分布：分布于非洲、亚洲热带、亚热带地区、印度洋的留尼汪岛。我国分布于广东、海南、广西等地。

生态与生境：喜光，耐旱，耐瘠薄。常生长于沙质土壤及荒草地中。

繁殖及栽培管理：种子繁殖。常规种植后浇足定根水，以后适时浇水，每次要浇透水（每平方米给水 2.5~3.0 千克），在旱季需要适当多浇水；种植 3 个月后追施一次复合肥（每平方米约 30 克），以后每半年追施一次氮磷钾缓释复合肥（每平方米约 30 克），施肥后应及时浇水，防止烧苗。

应用范围：可用于构建防风固沙绿地、公园绿地。

三点金（三点金草、蝇翅草）

Desmodium triflorum (L.) DC.

蝶形花科 Papilionaceae

山蚂蝗属 *Desmodium*

地理分布： 国外分布于印度、斯里兰卡、尼泊尔、缅甸、泰国、越南、马来西亚、太平洋群岛、大洋洲和美洲热带地区。我国分布于广东、海南、广西、江西、福建、台湾、云南等地。

生态与生境： 生于旷野草地、路旁或沙土上。适应性较强，耐瘠薄、耐旱、适应范围广，宜种植于地下水位低而肥沃的沙质壤土。

繁殖及栽培管理： 种子繁殖。常规种植后浇足定根水，以后适时浇水，每次要浇透水（每平方米给水 2.5~3.0 千克），在旱季需要适当多浇水；种植 3 个月后追施一次复合肥（每平方米约 30 克），以后每半年追施一次氮磷钾缓释复合肥（每平方米约 30 克），施肥后应及时浇水，防止烧苗。

应用范围： 通常匍匐生长，可用于构建防风固沙绿地、公园绿地。全草入药，有解表、消食之效。

形态特征： 多年生平卧草本，高 10~50 厘米。茎纤细，多分枝。叶为羽状三出复叶，小叶 3；托叶披针形，膜质，长 3~4 毫米，宽 1~1.5 毫米，外面无毛，边缘疏生丝状毛；叶柄长约 5 毫米，被柔毛；小叶纸质，顶生小叶倒心形，倒三角形或倒卵形，长和宽约为 2.5~10 毫米，先端宽截平而微凹入，基部楔形，叶脉每边 4~5 条，不达叶缘；小托叶狭卵形。花单生或 2~3 朵簇生于叶腋；苞片狭卵形，长约 4 毫米，宽约 1.3 毫米，外面散生贴伏柔毛；花梗长 3~8 毫米，结果时延长达 13 毫米；花萼密被白色长柔毛，5 深裂，裂片狭披针形，较萼筒长；花冠紫红色，与萼近相等，旗瓣倒心形，基部渐狭，具长瓣柄，翼瓣椭圆形，具短瓣柄，龙骨瓣略呈镰刀形，较冀瓣长，弯曲，具长瓣柄。英果扁平，狭长圆形，被钩状短毛，具网脉。花、果期 6~10 月。

西沙灰毛豆（西沙灰叶）

Tephrosia luzonensis Vogel
蝶形花科 Papilionaceae

灰毛豆属 *Tephrosia*

形态特征：一年生草本，高 10~100 厘米；
多分枝；全株被伸展白色柔毛。茎直立、平卧
或上升，基部木质化。羽状复叶长 5~10 厘米，
叶柄长约 1 厘米；托叶狭三角形，锥尖，长约
4 毫米；小叶 4~6 对，纸质，长圆状倒披针形
或狭长圆形，长 1~3 厘米，宽 0.3~0.7 厘米，
先端钝圆或微凹，具短尖，基部楔形，正面被
平伏细毛，背面密被灰白色平伏柔毛，侧脉约
10 对，小叶柄短。总状花序短，腋生，花多
数，密集；花长约 7 毫米，花梗长 3~4 毫米；
花冠粉红带紫色。荚果线形，长 2.5~3.5 厘米，
宽约 0.4 厘米，扁平，有种子 7~12 粒；种子
黑褐色，近圆形，径约 2 毫米，微扁。花果期
3~10 月。

地理分布：国外分布于菲律宾、印度尼西亚、
泰国。我国分布于海南西沙群岛（永兴岛、石
岛、珊瑚岛）。

生态与生境：喜光，耐旱，耐瘠薄土壤。生于
空旷沙地上。

繁殖及栽培管理：种子繁殖。常规种植后浇足
定根水，以后适时浇水，每次要浇透水（每平
方米给水 2.5~3.0 千克），在旱季需要适当多
浇水；种植 3 个月后追施一次复合肥（每平方
米约 30 克），以后每半年追施一次氮磷钾缓
释复合肥（每平方米约 40 克），施肥后应及
时浇水，防止烧苗。

应用范围：可用于构建防风固沙绿地、公园
绿地。

灰毛豆（灰叶）

Tephrosia purpurea (L.) Pers. Syn.

蝶形花科 Papilionaceae

灰毛豆属 *Tephrosia*

地理分布：广布于全世界热带地区。我国分布于广东、海南、广西、福建、台湾、云南。产自西沙群岛（永兴岛、东岛）。

生态与生境：喜光，耐旱，耐瘠薄土壤。生于旷野。

繁殖及栽培管理：种子繁殖。常规种植后浇足定根水，以后适时浇水，每次要浇透水（每平方米给水 2.5~3.0 千克），在旱季需要适当多浇水；种植 3 个月后追施一次复合肥（每平方米约 30 克），以后每半年追施一次氮磷钾缓释复合肥（每平方米约 40 克），施肥后应及时浇水，防止烧苗。

应用范围：为良好的固沙、堤岸保土植物，可用于构建防风固沙绿地和公园绿地。

形态特征：灌木状草本，高 30~120 厘米；多分枝。茎基部木质化，近直立或伸展，具纵棱，近无毛或被短柔毛。羽状复叶长 7~15 厘米，叶柄短；托叶线状锥形，长约 4 毫米；小叶 4~8(10) 对，椭圆状长圆形至椭圆状倒披针形，长 15~35 毫米，宽 4~14 毫米，先端钝，截形或微凹，具短尖，基部狭圆，正面无毛，背面被平伏短柔毛，侧脉 7~12 对，清晰；小叶柄长约 2 毫米，被毛。总状花序顶生、与叶对生或生于上部叶腋，长 10~15 厘米，较细；花每节 2(~4) 朵，疏散；花冠淡紫色，旗瓣扁圆形，外面被细柔毛，翼瓣长椭圆状倒卵形，龙骨瓣近半圆形；胚珠多数。荚果线形，长 4~5 厘米，宽 0.4 厘米，稍上弯，顶端具短喙，被稀疏平伏柔毛，有种子 6 粒；种子灰褐色，具斑纹，椭圆形。花果期 3~10 月。

孪花蟛蜞菊

Wedelia biflora (L.) DC.

菊科 Compositae

蟛蜞菊属 *Wedelia*

形态特征：攀缘状草本。茎粗壮，无毛或被疏贴生的短糙毛。叶片卵形至卵状披针形，基部截形、浑圆或稀有楔尖，边缘有规则的锯齿，两面被贴生的短糙毛。头状花序少数，腋生或顶生，有时孪生；总苞片2层，外层卵形至卵状长圆形，顶端钝或稍尖，内层卵状披针形，顶端三角状短尖；托片稍折叠，倒披针形或倒卵状长圆形，顶端钝或短尖，全缘，被扩展的短糙毛。舌状花1层，具黄色、2齿的舌瓣，被疏柔毛；管状花花冠黄色，下部骤然收缩成细管状。瘦果倒卵形，具3~4棱，顶端宽，截平，被密短柔毛。无冠毛。花期4~6月。

地理分布：国外分布于印度、中南半岛、印度尼西亚、马来西亚、菲律宾、日本及大洋洲。我国主要分布于广东、海南、广西、台湾、云南。

在西沙群岛的永兴岛、石岛、东岛、中建岛、晋卿岛、琛航岛、金银岛、甘泉岛、珊瑚岛、西沙洲、赵述岛、北岛、中岛、南岛、南沙洲和南沙群岛（太平岛）、东沙群岛（东沙岛）较常见。

生态与生境：喜光，耐瘠薄，耐盐碱。常见于海岸干燥沙地上。

繁殖及栽培管理：种子繁殖及扦插繁殖。常规种植后浇足定根水，以后适时浇水，每次要浇透水（每平方米给水2.5~3.0千克），在旱季需要适当多浇水；种植3个月后追施一次复合肥（每平方米约30克），以后每半年追施一次氮磷钾缓释复合肥（每平方米约40克），施肥后应及时浇水，防止烧苗。

应用范围：用于构建防风固沙绿地和公园绿地。

白子菜（鸡菜、大肥牛、叉花土三七）

Gynura divaricata (L.) DC.

菊科 Compositae

菊三七属 *Gynura*

形态特征：多年生草本，高 30~60 厘米，茎直立。叶质厚，通常集中于下部，具柄或近无柄；叶片卵形，椭圆形或倒披针形，长 2~15 厘米，宽 1.5~5 厘米，顶端钝或急尖，基部楔状狭或下延成叶柄，近截形或微心形，边缘具粗齿，有时提琴状裂，稀全缘，正面绿色，背面带紫色，侧脉 3~5 对，细脉常连接成近平行的长圆形细网；叶柄长 0.5~4 厘米，有短柔毛，基部有卵形或半月形具齿的耳。上部叶渐小，苞叶状，狭披针形或线形，羽状浅裂，无柄，略抱茎。头状花序直径 1.5~2 厘米，通常 3~5 个在茎或枝端排成疏伞房状圆锥花序，常呈叉状分枝；花序梗长 1~15 厘米，被密短柔毛，具 1~3 线形苞片。总苞钟状，长 8~10 毫米，宽 6~8 毫米，基部有数个线状或丝状小苞片；总苞片 1 层，11~14 个，狭披针形，长 8~10 毫米，宽 1~2 毫米，顶端渐尖，呈长三角形。小花橙黄色，有香气，略伸出总苞；花冠长 11~15 毫米，管部细，长 9~11 毫米，上部扩大，裂片长圆状卵形，顶端红色，尖。瘦果圆柱形；冠毛白色，绢毛状，长 10~12 毫米。花果期 8~10 月。

地理分布：国外分布于越南北部。在我国主要分布于广东、海南、香港、云南，在海南西沙群岛（永兴岛）较常见。

生态与生境：喜光，耐旱，耐瘠薄土壤。常生于山坡草地、荒坡和田边潮湿处，也生于海滨沙土中。

繁殖方式：种子繁殖。常规种植后浇足定根水，以后适时浇水，每次要浇透水（每平方米给水 2.5~3.0 千克），在旱季需要适当多浇水；种植 3 个月后追施一次复合肥（每平方米约 30 克），以后每半年追施一次氮磷钾缓释复合肥（每平方米约 40 克），施肥后应及时浇水，防止烧苗。

应用范围：可用于公园绿地和防风固沙绿地，也可作蔬菜食用。

滨海珍珠菜

Lysimachia mauritiana Lam.

报春花科 Primulaceae

珍珠菜属 *Lysimachia*

形态特征：二年生草本。茎簇生，直立，高10~50厘米。叶互生，匙形或倒卵形，两面散生黑色粒状腺点。总状花序顶生，初时因花密集而成圆头状，后渐伸长成圆锥形，直立；苞片匙形，花序下部的几与茎叶相同，向上渐次缩小；花梗与苞片近等长或稍短；花萼分裂近达基部，裂片广披针形至椭圆形，周边膜质，中肋显著，背面有黑色粒状腺点；花冠白色，裂片舌状长圆形，直立；雄蕊比花冠短，花丝贴生至花冠裂片的中下部；花药长圆形，药隔顶端具硬尖头。蒴果梨形。花期5~6月；果期6~8月。

地理分布：国外分布于日本、朝鲜、菲律宾以及太平洋、印度洋岛屿有零星分布。我国主要分布于广东、海南、福建、台湾、浙江、江苏、山东、辽宁等沿海地区，

生态与生境：喜光，耐旱，耐瘠薄。生长于海滨沙滩石缝中。

繁殖及栽培管理：扦插繁殖。常规种植后浇足定根水，以后适时浇水，每次要浇透水（每平方米给水2.5~3.0千克），在旱季需要适当多浇水；种植3个月后追施一次复合肥（每平方米约30克），以后每半年追施一次氮磷钾缓释复合肥（每平方米约30克），施肥后应及时浇水，防止烧苗。

应用范围：可用于构建防风固沙绿地和公园绿地。

翠芦莉（芦莉草、蓝花草）

Ruellia brittoniana Leonard

爵床科 Acanthaceae

芦莉草属 *Ruellia*

形态特征：多年生常绿草本，株高 30~100 厘米。单叶对生，线状披针形。叶暗绿色，新叶及叶柄常呈紫红色。叶全缘或疏锯齿，叶长 8~15 厘米，叶宽 0.5~1.0 厘米。花腋生，花径 3~5 厘米。花冠漏斗状，5 裂，具放射状条纹，细波浪状，多蓝紫色，少数粉色或白色。单花寿命短，清晨开放，黄昏凋谢，花期极长，花谢花开，日日可见花，开花不断。果为蒴果。种子细小如粉末状。花期 3~12 月。

地理分布：原产于墨西哥。我国广东、海南、台湾有栽培。

生态与生境：喜光、喜高温，耐酷暑，抗旱、抗贫瘠和抗盐碱能力强。珊瑚沙上生长良好。

繁殖及栽培管理：播种、扦插或分株，春、秋季为适期。成熟种子落地能发芽成长。常规种植后浇足定根水，以后适时浇水，每次要浇透水（每平方米给水 2.5~3.0 千克），在旱季需要适当多浇水；种植 3 个月后追施一次复合肥（每平方米约 30 克），以后每半年追施一次氮磷钾缓释复合肥（每平方米约 40 克），施肥后应及时浇水，防止烧苗。开花后可作适当修剪。

应用范围：可用于构建公共绿地，适合营造花境、花坛等。

文殊兰

Crinum asiaticum var. *sinicum* (Roxb. ex Herb.) Baker

石蒜科 Amaryllidaceae

文殊兰属 *Crinum*

形态特征：多年生粗壮草本。鳞茎长柱形。叶 20~30 枚，多列，带状披针形，长可达 1 米，宽 7~12 厘米或更宽，顶端渐尖，具 1 急尖的尖头，边缘波状，暗绿色。花茎直立，几与叶等长，伞形花序有花 10~24 朵，佛焰苞状总苞片披针形，长 6~10 厘米，膜质，小苞片狭线形，长 3~7 厘米；花梗长 0.5~2.5 厘米；花高脚碟状，芳香；花被管纤细，伸直，长 10 厘米，直径 1.5~2 毫米，绿白色，花被裂片线形，长 4.5~9 厘米，宽 6~9 毫米，向顶端渐狭，白色；雄蕊淡红色，花丝长 4~5 厘米，花药线形，顶端渐尖，长 1.5 厘米或更长；子房纺锤形，长不及 2 厘米。蒴果近球形，直径 3~5 厘米；通常种子 1 枚。花期夏季至秋季。

地理分布：我国分布于广东、海南、广西、福建、台湾等省区；西沙群岛（永兴岛）有栽培。

生态与生境：喜光也耐阴、耐旱、耐盐碱。常生于海滨地区或河旁沙地。

繁殖及栽培管理：种子繁殖及扦插繁殖。常规种植后浇足定根水，以后适时浇水，每次要浇透水（每平方米给水 2.5~3.0 千克），在旱季需要适当多浇水；种植 3 个月后追施一次复合肥（每平方米约 30 克），以后每半年追施一次氮磷钾缓释复合肥（每平方米约 40 克），施肥后应及时浇水，防止烧苗。

应用范围：佛教植物。可用于构建公园绿地。叶与鳞茎药用，有活血散瘀、消肿止痛之效，治跌打损伤、风热头痛、热毒疮肿等症。

剑麻（菠萝麻）

Agave sisalana Perr. ex Engelm.

龙舌兰科 Agavaceae

龙舌兰属 *Agave*

形态特征： 多年生硬质叶纤维植物。茎粗短。叶呈莲座式排列，叶刚直，肉质，剑形，初被白霜，后渐脱落而呈深蓝绿色，通常长1~1.5米，最长可达2米，中部最宽10~15厘米，表面凹，背面凸，叶缘无刺或偶尔具刺，顶端有1硬尖刺，刺红褐色，长2~3厘米。圆锥花序粗壮，高可达6米；花黄绿色，有浓烈的气味；花梗长5~10毫米；花被管长1.5~2.5厘米，花被裂片卵状披针形，长1.2~2厘米，基部宽6~8毫米；雄蕊6，着生于花被裂片基部，花丝黄色，长6~8厘米，花药长2.5厘米；子房长圆形，长约3厘米，胚珠多数，花柱线形，长6~7厘米，柱头稍膨大，3裂。蒴果长圆形。花期秋冬季。

地理分布： 原产墨西哥；我国华南及西南各地有引种栽培。

生态与生境： 适应性较强，耐瘠薄、耐旱、怕涝，生长力强，适应范围广，宜种植于疏松、排水良好、地下水位低而肥沃的沙质壤土。

繁殖及栽培管理： 分株繁殖，将珠芽、吸芽和走茎分出进行繁殖。常规种植后浇足定根水，以后适时浇水，每次要浇透水（每平方米给水2.5~3.0千克），在旱季需要适当多浇水；种植3个月后追施一次复合肥（每株约60克），以后每半年追施一次氮磷钾缓释复合肥（每株约60克），施肥后应及时浇水，防止烧苗。

应用范围： 剑麻常年浓绿，花、叶皆美，形态奇特，叶形如剑；开花时花茎高耸挺立，花色洁白，繁多的白花下垂如铃，姿态优美；花期持久，幽香宜人，是良好的庭园观赏树木。可用于构建防风固沙绿地和公园绿地。

地毯草（大叶油草）

Axonopus compressus (Sw.) Beauv.

禾本科 Gramineae

地毯草属 *Axonopus*

形态特征：多年生草本。具长匍匐枝。秆压扁，高 8~60 厘米，节密生灰白色柔毛。叶鞘松弛，基部者互相跨复，压扁，呈脊，边缘质较薄，近鞘口处常疏生毛；叶舌长约 0.5 毫米；叶片扁平，质地柔薄，长 5~10 厘米，宽（2）6~12 毫米，两面无毛或正面被柔毛，近基部边缘疏生纤毛。总状花序 2~5 枚，长 4~8 厘米，最长两枚成对而生，呈指状排列在主轴上；小穗长圆状披针形，长 2.2~2.5 毫米，疏生柔毛，单生；第一颖缺；第二颖与第一外稃等长或第二颖稍短；第一内稃缺；第二外稃革质，短于小穗，具细点状横皱纹，先端钝而疏生细毛，边缘稍厚，包着同质内稃；鳞片 2，折叠，具细脉纹；花柱基分离，柱头羽状，白色。

地理分布：原产热带美洲，世界各热带、亚热带地区有引种栽培。我国广东、广西、台湾、云南有引种栽培。

生态与生境：生于荒野、路旁较潮湿处，也见于海边沙地。

繁殖及栽培管理：种子繁殖或分株繁殖。常规种植后浇足定根水，以后适时浇水，每次要浇透水（每平方米给水 2.5~3.0 千克），在旱季需要适当多浇水；种植 3 个月后追施一次复合肥（每平方米约 30 克），以后每半年追施一次氮磷钾缓释复合肥（每平方米约 30 克），施肥后应及时浇水，防止烧苗。

应用范围：地毯草匍匐枝蔓延迅速，每节上都生根和抽出新植株，植物体平铺地面成毯状，故称地毯草，为铺建草坪的草种，根有固土作用，是一种良好的保土植物；可用于构建公园绿地的草坪和防风固沙绿地。

狗牙根（绊根草、爬根草、咸沙草、铁线草）

Cynodon dactylon (L.) Pers.

禾本科 Gramineae

狗牙根属 *Cynodon*

形态特征： 多年生低矮草本，具根茎。秆细而坚韧，下部匍匐地面蔓延甚长，节上常生不定根，直立部分高 10~30 厘米。叶鞘微具脊，无毛或有疏柔毛，鞘口常具柔毛；叶舌仅为一轮纤毛；叶片线形，长 1~12 厘米，宽 1~3 毫米。穗状花序 3~5 枚，长 2~5 厘米；小穗灰绿色或带紫色，长 2~2.5 毫米，仅含 1 小花；颖长 1.5~2 毫米，第二颖稍长，均具 1 脉，背部成脊而边缘膜质；外稃舟形，具 3 脉，背部明显成脊，脊上被柔毛；内稃与外稃近等长，具 2 脉。鳞被上缘近截平；花药淡紫色；子房无毛，柱头紫红色。颖果长圆柱形。花果期 5~10 月。

地理分布： 全世界温暖地区均有。广布于我国黄河以南各地。南沙群岛（太平岛），西沙群岛（永兴岛、东岛），东沙群岛有分布。

生态与生境： 耐干旱、盐碱。多生于村庄附近、道旁河岸、荒地山坡，也见于滨海沙地。

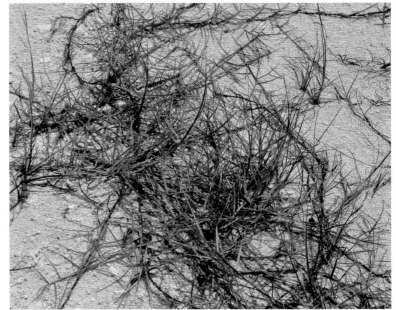

繁殖及栽培管理： 种子繁殖或分株繁殖。种子繁殖时播量通常为 15~30 克 / 米^2，分株繁殖按照草坪面积和种植面积 1:3~1:5 的比例种植。常规种植后浇足定根水，以后适时浇水，每次要浇透水（每平方米给水 2.5~3.0千克），在旱季需要适当多浇水；种植 3 个月后追施一次复合肥（约每平方米 30 克），以后每半年追施一次氮磷钾缓释复合肥（约每平方米 40 克），施肥后应及时浇水，防止烧苗。修剪高度为 4~6 厘米，成坪前注意控制杂草。

应用范围： 其根茎蔓延力很强，广铺地面，为良好的固堤保土植物，常用以铺建草坪或球场。可用于构建防风固沙绿地、公园绿地、建筑物顶（有土）绿化。全草可入药，有清血、解热、生肌之效。

阳江狗牙根

Cynodon dactylon 'Yangjiang'[是江苏省中国科学院植物研究所自主选育的国家审定品种（2007，No.353）]

禾本科 Gramineae

狗牙根属 *Cynodon*

形态特征：多年生低矮草本。该品种具非常发达的匍匐茎和根状茎，草层自然高度为 10~15 厘米，匍匐茎棕褐色，节间长度为 1.9~2.5 厘米，节间直径为 0.07~0.09 厘米，叶片线型，叶长为 2.8~3.5 厘米，叶宽为 0.18~0.22 厘米，叶深绿色，穗状花序 3~5 枚呈指状簇生于杆顶部，高度为 9.0~12.0 厘米，花序长度为 2.3~2.8 厘米，小穗长度为 0.19~0.22 厘米，柱头浅紫色，6~7 月为开花高峰期，9~10 月亦有少量花序开放。

地理分布：由广东省阳江地区的野生狗牙根种源选育而成。现已经在长江中下游地区以及我国东部盐碱地绿化、运动草坪、保土草坪建植中成功地得到予规模化应用，也在珊瑚岛礁机场草坪得到成功应用。

生态与生境：成坪迅速，匍匐性强，密度高，草层厚。耐干旱和重度盐碱，耐践踏性强；无明显病虫害，与杂草竞争能力强。

繁殖及栽培管理：以营养繁殖（匍匐茎、地下茎）方式繁殖为主。按照草坪面积和种植面积 1:3~1:5 的比例种植。草茎种植后应及时浇足定根水，在草坪草营养体未长新根、新芽前，喷水保持坪床湿润。待营养体长出新根后，可逐步减少浇水量。草坪成坪后视天气情况适时浇水，每次要浇透水（每平方米 2.5~3 千克），在旱季需要适当多浇水。当草坪草盖度达到 80% 以上时，可以开始定期修剪草坪（高度按照 1/3 原则）。这可以促进匍匐茎生长的形成，增加密度。待种植 20~30 天草坪基本成坪后，追施一次复合肥（每平方米 30 克），以后每半年追施一次氮磷钾缓释复合肥（每平方米 30 克），施完肥后及时浇水。在旱季需要适当淋水养护，每次每平方米给水 2.5~3 千克。修剪高度为 3~4 厘米，成坪前注意控制杂草。

应用范围：构建草坪（特别是机场附近较少需要养护的草坪）或球场，也可用于构建防风固沙绿地、公园绿地。

细穗草

Lepturus repens (G. Forst.) R. Br.

禾本科 Gramineae

细穗草属 *Lepturus*

形态特征：多年生草本。秆丛生，坚硬，高20~40厘米，具分枝，节上生根或作匍茎状。叶鞘无毛；叶舌长0.3~0.8毫米，纸质，上端截形且具纤毛；叶片质硬，线形，通常内卷，长3~20厘米，宽2.5~5毫米，先端呈锥状，无毛或正面通常近基部具柔毛，边缘呈小刺状粗糙。穗状花序直立，长5~10厘米，径约1.5毫米，穗轴节间长3~5毫米；小穗含2小花，长约12毫米，小穗轴节间长约4毫米；第一颖三角形，薄膜质，长0.8毫米，第二颖革质，披针形，先端渐尖或锥状锐尖，上部具膜质边缘且内卷，长6~12毫米；外稃长约4毫米，宽披针形，具3脉，两侧脉近边缘，先端尖；内稃长椭圆形，几与外稃等长。颖果长1.6~2毫米，椭圆形。

地理分布：国外分布于印度、斯里兰卡、马来西亚及中南半岛、大洋洲等地。我国台湾、海南三沙市的南沙群岛（太平岛），西沙群岛（永兴岛、东岛），东沙群岛有分布。

生态与生境：根系发达，耐旱，耐盐碱。多生于海边珊瑚礁上。

繁殖及栽培管理：种子繁殖或分株繁殖。常规种植后浇足定根水，以后适时浇水，每次要浇透水（每平方米给水2.5~3千克），在旱季需要适当多浇水；种植3个月后追施一次复合肥（每平方米约20克），以后每半年追施一次氮磷钾缓释复合肥（每平方米约30克），施肥后应及时浇水，防止烧苗。

应用范围：为良好的固沙保土植物，可用于构建防风固沙绿地。

铺地黍（枯骨草）

Panicum repens L.

禾本科 Gramineae

黍属 *Panicum*

形态特征：多年生草本。根茎粗壮发达。秆直立，坚挺，高 50~100 厘米。叶鞘光滑，边缘被纤毛；叶舌长约 0.5 毫米，顶端被睫毛；叶片质硬，线形，长 5~25 厘米，宽 2.5~5 毫米，干时常内卷，呈锥形，顶端渐尖，上表皮粗糙或被毛，下表皮光滑；叶舌极短，膜质，顶端具长纤毛。圆锥花序开展，长 5~20 厘米，分枝斜上，粗糙，具棱槽；小穗长圆形，长约 3 毫米，无毛，顶端尖；第一颖薄膜质，长约为小穗的 1/4，基部包卷小穗，顶端截平或圆钝，脉常不明显；第二颖约与小穗近等长，顶端喙尖，具 7 脉，第一小花雄性，其外稃与第二颖等长；雄蕊 3，其花丝极短，花药长约 1.6 毫米，暗褐色；第二小花结实，长圆形，长约 2 毫米，平滑、光亮，顶端尖；鳞被长约 0.3 毫米，宽约 0.24 毫米，脉不清晰。花果期 6~11 月。

地理分布：广布世界热带和亚热带。我国东南各地有分布；产我国台湾省、海南三沙市的南沙群岛（太平岛）、西沙群岛（永兴岛、东岛），东沙群岛有分布。

生态与生境：根系发达，耐旱又耐潮湿，耐盐碱。生于海边、溪边以及潮湿之处。

繁殖及栽培管理：种子繁殖或分株繁殖。常规种植后浇足定根水，以后适时浇水，每次要浇透水（每平方米给水 2.5~3 千克），在旱季需要适当多浇水；种植 3 个月后追施一次复合肥（每平方米约 30 克），以后每半年追施一次氮磷钾缓释复合肥（每平方米约 30 克），施肥后应及时浇水，防止烧苗。

应用范围：繁殖力特强，根系发达，为良好的固沙保土植物；可用于构建防风固沙绿地、公园绿地。

海滨雀稗 (海雀稗)

Paspalum vaginatum Sw.

禾本科 Gramineae

雀稗属 *Paspalum*

形态特征： 多年生。具根状茎与长匍匐茎，其节间长约 4 厘米，节上抽出直立的枝秆，秆高 10~50 厘米。叶鞘长约 3 厘米，具脊，大多长于其节间，并在基部形成跨覆状，鞘口具长柔毛；叶舌长约 1 毫米；叶片长 5~10 厘米，宽 2~5 毫米，线形，顶端渐尖，内卷。总状花序大多 2 枚，对生，有时 1 或 3 枚，直立，后开展或反折，长 2~5 厘米；穗轴宽约 1.5 毫米，平滑无毛；小穗卵状披针形，长约 3.5 毫米，顶端尖；第二颖膜质，中脉不明显，近边缘有 2 侧脉；第一外稃具 5 脉，中脉存在；第二外稃软骨质，较短于小穗，顶端有白色短毛。花果期 6~9 月。

地理分布： 印度、马来西亚及全世界热带亚热带地区。在我国东南各省和台湾、海南、云南有分布。

生态与生境： 根系发达，耐旱，耐盐碱。生于海滨及沙地。

繁殖及栽培管理： 种子繁殖或分株繁殖。播量通常为每平方米 20~30 克，分株繁殖按照草坪面积和种植面积 1:3~1:5 比例种植。常规种植后浇足定根水，以后适时浇水，每次要浇透水（每平方米给水 2.5~3 千克），在旱季需要适当多浇水；种植 3 个月后追施一次复合肥（约每平方米 20 克），以后每半年追施一次氮磷钾缓释复合肥（约每平方米 30 克），施肥后应及时浇水，防止烧苗。修剪高度为 4~6 厘米，成坪前注意控制杂草。

应用范围： 繁殖力特强，根系发达，为良好的固沙保土植物；可用于构建防风固沙绿地、公园绿地及草坪。

斑茅（大密）

Saccharum arundinaceum Retz.

禾本科 Gramineae

甘蔗属 *Saccharum*

形态特征：多年生高大丛生草本。秆粗壮，高 2~4 米。叶鞘长于其节间，基部或上部边缘和鞘口具柔毛；叶舌膜质，长 1~2 毫米，顶端截平；叶片宽大，线状披针形，长 1~2 米，宽 2~5 厘米，顶端长渐尖，基部渐变窄，中脉粗壮，无毛，正面基部生柔毛，边缘锯齿状粗糙。圆锥花序大型，稠密，长 30~80 厘米，宽 5~10 厘米，主轴无毛，每节着生 2~4 枚分枝，分枝 2~3 回分出，腋间被微毛；总状花序轴节间与小穗柄细线形，长 3~5 毫米，被长丝状柔毛，顶端稍膨大；无柄与有柄小穗狭披针形，长 3.5~4 毫米，黄绿色或带紫色，基盘小，具长约 1 毫米的短柔毛；两颖近等长，草质或稍厚，顶端渐尖，第一颖沿脊微粗糙，两侧脉不明显，背部具长于其小穗一倍以上之丝状柔毛；第二颖具 3 脉，脊粗糙；第一外稃等长或稍短于颖，具 1~3 脉，顶端尖，上部边缘具小纤毛；第二外稃披针形，稍短或等长于颖；顶端具小尖头，或在有柄小穗中，具长 3 毫米之短芒，上部边缘具细纤毛；第二内稃长圆形，长约为其外稃之半，顶端具纤毛。颖果长圆形。花果期 8~12 月。

地理分布：国外分布于印度、缅甸、泰国、越南、马来西亚。我国分布于广东、海南、广西、江西、浙江、湖南、湖北、福建、台湾、河南、陕西、贵州、四川、云南等地。

生态与生境：根系发达，耐旱，耐盐碱。生于山坡和河岸溪涧草地，也生于海滨及沙地。

繁殖及栽培管理：种子繁殖或分株繁殖。常规种植后浇足定根水，以后适时浇水，每次要浇透水（每丛给水 1.5~2.5 千克），在旱季需要适当多浇水；种植 3 个月后追施一次复合肥（每平方米约 60 克），以后每半年追施一次氮磷钾缓释复合肥（每平方米约 60 克），施肥后应及时浇水，防止烧苗。

应用范围：高大丛生，根系发达，分蘖力强、抗旱性强，为良好的固沙保土植物；可用于构建防风固沙绿地。

老鼠芳（鬃刺）

Spinifex littoreus (Burm. f.) Merr.

禾本科 Gramineae

鬃刺属 *Spinifex*

形态特征： 多年生小灌木状草本。向上直立部分高 30~100 厘米。叶鞘宽阔，基部达 1.4 厘米，边缘具缘毛，常互相覆盖；叶舌微小，顶端有长 2~3 毫米的不整齐白色纤毛；叶片线形，质坚而厚，长 5~20 厘米，宽 2~3 毫米，下部对折，上部卷合如针状，常呈弓状弯曲，边缘粗糙，无毛。雄穗轴长 4~9 厘米，生数枚雄小穗，先端延伸于顶生小穗之上而成针状：雄小穗长 9~11 毫米，柄长约 1 毫米；颖草质，广披针形，先端急尖，具 7~9 脉，第一颖长约为小穗的 1/2，第二颖长约为小穗的 2/3；外稃长 8~10 毫米，具 5 脉：内稃与外稃近等长，具 2 脉；花药线形，长约 5 毫米；雌穗轴针状，长 6~16 厘米、粗糙，基部单生 1 雌小穗；雌小穗长约 12 毫米；颖草质，具 11~13 脉，第一颖略短于小穗；第一外稃具 5 脉，与小穗等长，无内稃；第二外稃厚纸质，具 5 脉，内稃与之近等长。花果期夏秋季。

地理分布： 国外分布于印度、缅甸、斯里兰卡、马来西亚、越南和菲律宾。我国分布于广东、海南、广西、福建、台湾等地。

生态与生境： 喜光，耐旱，耐盐碱。生于海边沙滩。

繁殖及栽培管理： 种子繁殖或分株繁殖。常规种植后浇足定根水，以后适时浇水，每次要浇透水（每平方米给水 2.5~3.0 千克），在旱季需要适当多浇水；种植 3 个月后追施一次复合肥（每平方米约 50 克），以后每半年追施一次氮磷钾缓释复合肥（每平方米约 50 克），施肥后应及时浇水，防止烧苗。

应用范围： 须根长而坚韧，秆粗壮，平卧地面长达数米，能防海浪冲刷，为优良的海边固沙植物；可用于构建防风固沙绿地。

锥穗钝叶草

Stenotaphrum micranthum (Desv.) C. E. Hubb.

[*Stenotaphrum subulatum* Trin.]

禾本科 Gramineae

钝叶草属 *Stenotaphrum*

形态特征：多年生草本。高约35厘米。叶鞘松弛，长于节间，边缘一侧具毛；叶舌微小，具长约1毫米的纤毛；叶片披针形，扁平，长4~8厘米，宽5~10毫米，顶端尖，无毛。花序主轴圆柱状，长6~14厘米，径2~3毫米，坚硬，无翼；穗状花序嵌生于主轴的凹穴内，长5~10毫米，具3~4小穗，穗轴边缘及小穗基部有细毛，顶端延伸于顶生小穗之上而成一小尖头；小穗长圆状披针形，一面扁平，一面凸起，长约3毫米；两颖膜质，微小，长为小穗的1/5~1/4，第二颖略长，脉不明显，顶端钝圆或近截平；第一外稃厚纸质，与小穗等长，具2脊，脊间扁平，主脉两侧具细纵沟；那二外稃与小穗等长，顶端尖而几无毛，平滑。花期春季。

地理分布：国外分布于太平洋诸岛屿及大洋洲。我国分布于西沙群岛（永兴岛、东岛、羚羊礁、甘泉岛）。

生态与生境：喜光，耐旱、耐盐碱。多生于路边、海边沙滩或林下。

繁殖及栽培管理：种子繁殖或分株繁殖。常规种植后浇足定根水，以后适时浇水，每次要浇透水（每平方米给水2.5~3.0千克），在旱季需要适当多浇水；种植3个月后追施一次复合肥（每平方米约30克），以后每半年追施一次氮磷钾缓释复合肥（每平方米约30克），施肥后应及时浇水，防止烧苗。

应用范围：为优良的海边固沙植物，可用于构建防风固沙绿地、公园绿地。

蒭雷草（常宫草）

Thuarea involuta (Forst.) R. Br. ex Roem.

禾本科 Gramineae

蒭雷草属 *Thuarea*

形态特征：多年生草本。秆匍匐地面，节处生根，直立部分高 4~10 厘米。叶鞘长 1~2.5 厘米；叶舌极短，有长 0.5~1 毫米的白色短纤毛；叶片披针形，长 2~3.5 厘米，宽 3~8 毫米，通常两面有细柔毛，边缘常部分地波状皱褶。穗状花序长 1~2 厘米；佛焰苞长约 2 厘米，顶端尖，背面被柔毛，基部的毛密；穗轴叶状，两面密被柔毛，具多数脉，下部具 1 两性小穗，上部具 4~5 雄性小穗，顶端延伸成一尖头；两性小穗卵状披针形，长 3.5~4.5 毫米，含 2 小花，仅第二小花结实；第一颖退化或狭小而为膜质，第二颖与小穗几等长，草质，具 7 脉，背面被毛；第一外稃草质，具 5~7 脉，背面有毛，内稃膜质，具 2 脉，有 3 雄蕊；第二外稃厚纸质，具 7 脉，除顶部被毛外余几平滑无毛，内稃具 2 脉；雄性小穗长圆状披针形，长 3~4 毫米；第一颖缺，第二颖草质，稍缺于小穗，背面有毛，具 3~5 脉；第一外稃纸质，宽披针形，具 5 脉，背面被毛，内稃膜质，具 2 脉，顶端 2 裂；雄蕊 3 枚，花药长 1.8~2.2 毫米；第二外稃纸质，具 5 脉，内稃具 2 脉；成熟后雄小穗脱落，叶状穗轴内卷包围结实小穗。花果期 4~12 月。

地理分布：国外分布于日本、东南亚、大洋洲和马达加斯加。我国分布于广东、海南、台湾等地，产西沙群岛（永兴岛、东岛、中建岛、晋卿岛、琛航岛、广金岛、金银岛、甘泉岛、珊瑚岛、银屿、南岛）。

生态与生境：喜光，耐旱，耐盐碱。生于海岸沙滩。

繁殖及栽培管理：种子繁殖或分株繁殖。常规种植后浇足定根水，以后适时浇水，每次要浇透水（每平方米给水 2.5~3.0 千克），在旱季需要适当多浇水；种植 3 个月后追施一次复合肥（每平方米约 30 克），以后每半年追施一次氮磷钾缓释复合肥（每平方米约 30 克），施肥后应及时浇水，防止烧苗。

应用范围：可用于构建防风固沙绿地、公园绿地和草坪。

沟叶结缕草

Zoysia matrella (L.) Merr.

禾本科 Gramineae

结缕草属 *Zoysia*

形态特征：多年生草本。具横走根茎，须根细弱。秆直立，高 12~20 厘米，基部节间短，每节具一至数个分枝。叶鞘长于节间，除鞘口具长柔毛外，余无毛；叶舌短而不明显，顶端撕裂为短柔毛；叶片质硬，内卷，正面具沟，无毛，长可达 3 厘米，宽 1~2 毫米，顶端尖锐。总状花序呈细柱形，长 2~3 厘米，宽约 2 毫米；小穗柄长约 1.5 毫米，紧贴穗轴；小穗长 2~3 毫米，宽约 1 毫米，卵状披针形，黄褐色或略带紫褐色；第一颖退化，第二颖革质，具 3 (5) 脉，沿中脉两侧压扁；外稃膜质，长 2~2.5 毫米，宽约 1 毫米；花药长约 1.5 毫米。颖果长卵形，棕褐色。花果期 7~10 月。

地理分布：亚洲和大洋洲的热带地区有分布。我国分布于广东、海南、台湾等地，产西沙群岛（永兴岛、东岛）。

生态与生境：喜光，耐旱，耐盐碱。生于海岸沙地上。

繁殖及栽培管理：种子繁殖或分株繁殖。常规种植后浇足定根水，以后适时浇水，每次要浇透水（每平方米给水 2.5~3.0 千克），在旱季需要适当多浇水；种植 3 个月后追施一次复合肥（每平方米约 30 克），以后每半年追施一次氮磷钾缓释复合肥（每平方米约 30 克），施肥后应及时浇水，防止烧苗。

应用范围：可用于构建防风固沙绿地、公园绿地和草坪。

（四）藤本

海刀豆

Canavalia maritima (Aubl.) Thou.

蝶形花科 Papilionaceae

刀豆属 *Canavalia*

形态特征： 粗壮，草质藤本。羽状复叶具 3 小叶。小叶倒卵形、卵形、椭圆形或近圆形，长 5~8 厘米，宽 4.5~7 厘米，先端通常圆，截平、微凹或具小凸头，基部楔形至近圆形，侧生小叶基部常偏斜，两面均被长柔毛，侧脉每边 4~5 条；叶柄长 2.5~7 厘米；小叶柄长 5~8 毫米。总状花序腋生，连总花梗长达 30 厘米；花 1~3 朵聚生于花序轴近顶部的每一节上；花冠紫红色，旗瓣圆形，长约 2.5 厘米，顶端凹入，翼瓣镰状，具耳，龙骨瓣长圆形，弯曲，具线形的耳。荚果线状长圆形，长 8~12 厘米，宽 2~2.5 厘米，厚约 1 厘米，顶端具喙尖，离背缝线均 3 毫米处的两侧有纵棱；种子椭圆形。花果期几乎全年。

地理分布： 热带海岸地区广布。我国分布于东南部至南部，在西沙群岛（永兴岛、东岛、琛航岛）常见。

生态与生境： 喜光，耐热，耐盐碱。蔓生于海边沙滩上。

繁殖及栽培管理： 种子繁殖或扦插繁殖。常规种植后浇足定根水，以后适时浇水，每次要浇透水（每株给水 1.0~1.5 千克），在旱季需要适当多浇水；种植 3 个月后追施一次复合肥（每平方米约 30 克），以后每半年追施一次氮磷钾缓释复合肥（每平方米约 40 克），施肥后应及时浇水，防止烧苗。

应用范围： 用于构建防风固沙绿地、公园绿地等。

滨豇豆

Vigna marina (Burm.) Merr.

蝶形花科 Papilionaceae

豇豆属 *Vigna*

繁殖及栽培管理：种子繁殖或扦插繁殖。常规种植后浇足定根水，以后适时浇水，每次要浇透水（每平方米给水 2.5~3.0 千克），在旱季需要适当多浇水；种植 3 个月后追施一次复合肥（每平方米约 30 克），以后每半年追施一次氮磷钾缓释复合肥（每平方米约 30 克），施肥后应及时浇水，防止烧苗。

应用范围：可用于构建防风固沙绿地、公园绿地等。

形态特征：多年生匍匐或攀缘草本，长可达数米。羽状复叶具 3 小叶；小叶近革质，卵圆形或倒卵形，长 3.5~9.5 厘米，宽 2.5~9.5 厘米，先端浑圆，钝或微凹，基部宽楔形或近圆形；叶柄长 1.5~11.5 厘米，叶轴长 0.5~3 厘米；小叶柄长 2~6 毫米。总状花序长 2~4 厘米，被短柔毛；总花梗长 3~13 厘米，有时增粗；花冠黄色，旗瓣倒卵形，长 1.2~1.3 厘米，宽 1.4 厘米；翼瓣及龙骨瓣长约 1 厘米。荚果线状长圆形，长 3.5~6 厘米，宽 8~9 毫米；种子 2~6 颗，黄褐色或红褐色，长圆形。花期 3~10 月；果期 4~11 月。

地理分布：热带地区广布。我国分布于海南、台湾，产西沙群岛（石岛、盘石屿、中建岛、琛航岛、广金岛、羚羊礁、金银岛、甘泉岛、银屿、北岛）。

生态与生境：喜光，耐热，耐盐碱。生于海边沙地。

海岛藤（假络石）

Gymnanthera nitida R. Br.

萝藦科 Asclepiadaceae

海岛藤属 *Gymnanthera*

形态特征：木质藤本，具乳汁；小枝棕褐色，有微毛。叶纸质，长圆形顶端钝，具小尖头，基部圆或广楔形，两面无毛。聚伞花序腋生；花萼5裂，裂片双盖覆瓦状排列，卵圆形，边缘透明，花萼内面基部有5个腺体；花冠高脚碟状，黄绿色，花冠裂片卵圆形；副花冠5裂，肉质，生于花冠筒的喉部之下；花药全部伸出花冠喉部之外，花丝膜质，离生；子房卵圆形，由2枚离生心皮组成，无毛。种子长圆形，棕色，顶端紧缩，具白色绢质种毛。花期6~9月；果期冬季至翌年春季。

地理分布：国外分布于越南、印度尼西亚和澳大利亚等地，我国主要分布于广东南部及沿海岛屿。

生态与生境：喜光，耐旱、耐盐碱。常生于海边沙地。

繁殖及栽培管理：种子繁殖及扦插繁殖。常规种植后浇足定根水，以后适时浇水，每次要浇透水（每株给水1.0~1.5千克），在旱季需要适当多浇水；种植3个月后追施一次复合肥（每平方米约20克），以后每半年追施一次氮磷钾缓释复合肥（每平方米约30克），施肥后应及时浇水，防止烧苗。

应用范围：可用于构建防风固沙绿地、公园绿地。

番薯（红薯、甘薯、地瓜、朱薯、唐薯、甜薯、白薯）

Ipomoea batatas (L.) Lam.

旋花科 Convolvulaceae

番薯属 *Ipomoea*

形态特征：一年生草本，地下部分具圆形、椭圆形或纺锤形的块根，块根的形状、皮色和肉色因品种或土壤不同而异。茎平卧或上升，偶有缠绕，多分枝，圆柱形或具棱，绿或紫色，被疏柔毛或无毛，茎节易生不定根。叶片形状、颜色常因品种不同而异，有时在同一植株上具有不同叶形，通常为宽卵形，长 4~13 厘米，宽 3~13 厘米，全缘或 3~5（~7）裂，裂片宽卵形、三角状卵形或线状披针形，叶片基部心形或近于平截，顶端渐尖，两面被疏柔毛或近于无毛，叶色有浓绿、黄绿、紫绿等，顶叶的颜色为品种的特征之一；叶柄长短不一，长 2.5~20 厘米，被疏柔毛或无毛。聚伞花序腋生，有 1~7 朵花聚集成伞形，花序梗长 2~10 厘米，稍粗壮；花梗长 2~10 毫米；萼片长圆形或椭圆形，不等长，外萼片长 7~10 毫米，内萼片长 8~11 毫米，顶端骤然成芒尖状，无毛或疏生缘毛；花冠粉红色、白色、淡紫色或紫色，钟状或漏斗状，长 3~4 厘米，外面无毛；雄蕊及花柱内藏，花丝基部被毛；子房 2~4 室，被毛或有时无毛。在气温高、日照短的地区常见开花，温度较低的地区很少开花。蒴果卵形或扁圆形，有假隔膜分为 4 室。种子 1~4 粒，通常 2 粒，无毛。

地理分布：番薯原产南美洲，现已在全世界的热带、亚热带地区（主产于北纬 40° 以南）广泛栽培；我国大多数地区有栽培。

生态与生境：喜光，耐旱，耐瘠薄。在沙质壤土生长良好，也可生长于沙滩上。

繁殖及栽培管理：扦插繁殖。种植后淋足定根水，如遇晴天需要补充淋水，种植完三个月后追施一次复合肥（每平方米 30 克），以后每半年追施一次氮磷钾缓释复合肥（每平方米 30 克），施完肥后及时浇水，防止肥料烧苗。养护半年，如遇旱季适当淋水养护。

应用范围：由于番薯块茎和茎叶可食，且茎节多不定根，除作为粮食蔬菜外，还可用于防风固沙绿地及观赏。

厚藤（马鞍藤、海薯、沙藤）

Ipomoea pes-caprae (L.) Sweet

旋花科 Convolvulaceae

番薯属 *Ipomoea*

形态特征： 多年生草本；茎平卧，有时缠绕，节上生根。叶肉质，卵形、椭圆形、圆形、肾形或长圆形，长 3.5~9 厘米，宽 3~10 厘米，顶端微缺或 2 裂，裂片圆，裂缺浅或深，有时具小凸尖，基部阔楔形、截平至浅心形；在背面近基部中脉两侧各有 1 枚腺体，侧脉 8~10 对；叶柄长 2~10 厘米。多歧聚伞花序，腋生，有时仅 1 朵发育；花序梗粗壮，长 4~14 厘米，花梗长 2~2.5 厘米；苞片小，阔三角形，早落；萼片厚纸质，卵形，顶端圆形，具小凸尖，外萼片长 7~8 毫米，内萼片长 9~11 毫米；花冠紫色或深红色，漏斗状，长 4~5 厘米；雄蕊和花柱内藏。蒴果球形，果皮革质，4 瓣裂。种子三棱状圆形，密被褐色茸毛。花果期几乎全年。

地理分布： 广布于世界热带沿海地区。我国分布于广东、海南、广西、福建、台湾、浙江，产西沙群岛（永兴岛、石岛、东岛、盘石屿、中建岛、晋卿岛、琛航岛、广金岛、羚羊礁、金银岛、甘泉岛、珊瑚岛、银屿、西沙洲、赵述岛、北岛、中岛、南岛、南沙洲）、南沙群岛（太平岛）。

生态与生境： 喜光，耐旱，耐瘠薄。海滨常见，多生长在沙滩上及路边向阳处。

繁殖及栽培管理： 种子繁殖及扦插繁殖。常规种植后浇足定根水，以后适时浇水，每次要浇透水（每平方米给水 2.5~3.0 千克），在旱季需要适当多浇水；种植 3 个月后追施一次复合肥（每平方米约 30 克），以后每半年追施一次氮磷钾缓释复合肥（每平方米约 30 克），施肥后应及时浇水，防止烧苗。

应用范围： 为热带海岸防风固沙的优良先锋植物，植株可作海滩固沙或覆盖植物。可用于构建防风固沙绿地、公共绿地等。全草入药，有祛风除湿、拔毒消肿之效，治风湿性腰腿痛，腰肌劳损，疮疖肿痛等。

管花薯（长管牵牛）

Ipomoea violacea L.
[*Ipomoea tuba* (Schlecht.) G. Don]
旋花科 Convolvulaceae
番薯属 *Ipomoea*

形态特征：木质藤本。叶圆形或卵形，长5~14厘米，宽5~12厘米，顶端短渐尖，具小短尖头，基部深心形，两面无毛，侧脉7~8对，第三次脉平行连接；叶柄长3.5~11厘米。聚伞花序腋生，有1至数朵花，花序梗长2.5~4.5厘米，有时更长或不及1厘米，花梗长1.5~3厘米，结果时增粗或棒状；萼片薄革质，近圆形，顶端圆或微凹，具小短尖头，几等长或内萼片稍短，长1.5~2.5厘米，结果时增大，初时如杯状包围蒴果，而后反折；花冠高脚碟状，白色，具绿色的瓣中带，入夜开放，长9~12厘米；雄蕊和花柱内藏；花丝基部有毛，着生花冠管近基部；子房无毛。蒴果卵形。花期春季至夏季。

地理分布：国外分布美洲热带地区，非洲东部和亚洲东南部。我国分布于广东（徐闻）、海南、台湾，在西沙群岛（永兴岛、东岛、盘石屿、中建岛、晋卿岛、琛航岛、广金岛、金银岛、甘泉岛、珊瑚岛、鸭公岛、赵述岛、北岛、中岛、南岛）和南沙群岛（太平岛）常见。

生态与生境：生于海滩或沿海的台地灌丛中，少见。喜光，耐旱，耐盐碱。

繁殖及栽培管理：种子繁殖及扦插繁殖。常规种植后浇足定根水，以后适时浇水，每次要浇透水（每株给水1.0~1.5千克），在旱季需要适当多浇水；种植30天后追施一次复合肥（每平方米约30克），以后每半年追施一次氮磷钾缓释复合肥（每平方米约30克），施肥后应及时浇水，防止烧苗。

应用范围：可用于构建防风固沙绿地、公共绿地等。

盒果藤（紫翅藤、松筋藤、红薯藤、软筋）

Operculina turpethum (L.) S. Manso

旋花科 Convolvulaceae

盒果藤属 *Operculina*

形态特征：多年生缠绕草本。根肉质多分枝。茎圆柱状，被短柔毛。叶形不一，心状圆形、卵形、宽卵形、卵状披针形或披针形，边缘全缘或浅裂，叶面被小刚毛，老叶近无毛。聚伞花序生于叶腋，通常有2朵花；苞片显著，长圆形或卵状长圆形，纸质，两面被短柔毛；花梗粗壮，与花序梗均密被短柔毛；萼片宽卵形或卵状圆形，在外2片革质，外面密被短柔毛，内面无毛；花冠白色或粉红色、紫色，宽漏斗状，外面具黄色小腺点，冠檐5裂，裂片圆。蒴果扁球形；种子4粒，卵圆状三棱形，黑色，无毛。花果期几乎全年。

地理分布：分布于热带东非、马斯克林群岛、塞舌耳群岛、热带亚洲至热带大洋洲及波利尼西亚。我国主要分布于广西西部、台湾、云南南部、广东、海南及其沿海岛屿。

生态与生境：生于溪边、山谷路旁灌丛阳处或村庄附近或海边沙地。

繁殖及栽培管理：种子繁殖及扦插繁殖。常规种植后浇足定根水，以后适时浇水，每次要浇透水（每株给水1.0~1.5千克），在旱季需要适当多浇水；种植30天后追施一次复合肥（每平方米约25克），以后每半年追施一次氮磷钾缓释复合肥（每平方米约30克），施肥后应及时浇水，防止烧苗。

应用范围：可用于构建防风固沙绿地和公园绿地。

过江藤

Phyla nodiflora (L.) Greene

马鞭草科 Verbenaceae

过江藤属 *Phyla*

形态特征：多年生草本，有木质宿根，多分枝，全体有紧贴丁字状短毛。叶近无柄，匙形、倒卵形至倒披针形，长 1~3 厘米，宽 0.5~1.5 厘米，顶端钝或近圆形，基部狭楔形，中部以上的边缘有锐锯齿；穗状花序腋生，卵形或圆柱形，长 0.5~3 厘米，宽约 0.6 厘米，有长 1~7 厘米的花序梗；苞片宽倒卵形，宽约 3 毫米；花萼膜质，长约 2 毫米；花冠白色、粉红色至紫红色，内外无毛；雄蕊短小，不伸出花冠外。果淡黄色，长约 1.5 毫米，内藏于膜质的花萼内。花果期 3~10 月。

地理分布：世界热带和亚热带地区。我国分布于广东、海南、江西、江苏、湖北、湖南、福建、台湾、四川、贵州、云南及西藏，在西沙群岛（永兴岛、石岛、东岛、甘泉岛、珊瑚岛）常见。

生态与生境：喜光，耐旱，耐盐碱。生于山坡、平地、河滩等湿润地方。珊瑚沙上生长良好。

繁殖及栽培管理：播种、扦插或分株，春、秋季为适期。常规种植后浇足定根水，以后适时浇水，每次要浇透水（每平方米给水 2.5~3.0 千克），在旱季需要适当多浇水；种植 30 天后追施一次复合肥（每平方米约 20 克），以后每半年追施一次氮磷钾缓释复合肥（每平方米约 30 克），施肥后应及时浇水，防止烧苗。

应用范围：可用于构建防风固沙绿地、公共绿地等。全草入药，能破瘀生新，通利小便；治咳嗽、吐血、通淋、痢疾、牙痛、疔毒、枕痛、带状疱疹及跌打损伤等症。

参考文献

李婕，刘楠，任海，申卫军，简曙光．2016. 7 种植物对热带珊瑚岛环境的生态适应性．生态环境学报，25(5): 790-794.

刘东明，陈红锋，王发国，易绮斐，邢福武．2015. 我国南沙群岛岛礁引种植物调查．热带亚热带植物学报，23(2): 167-176.

任海，李萍，彭少麟．2004. 海岛与海岸带生态系统恢复与生态系统管理．北京：科学出版社．

任海，刘庆，李凌浩．2008. 恢复生态学导论（第二版）．北京：科学出版社．

童毅，简曙光，陈权，李玉玲，邢福武．2013. 中国西沙群岛植物多样性．生物多样性，21(3): 364-374.

邢福武，吴德邻．1996. 南沙群岛及其邻近岛屿植物志．北京：海洋出版社．

中国科学院中国植物志编辑委员会．1933. 中国植物志．北京：科学出版社．

中 文 名 索 引

117

拉 丁 名 索 引

118

119